MACHINE A AIR

D'UN NOUVEAU SYSTÈME

DÉDUIT

D'UNE COMPARAISON RAISONNÉE DES SYSTÈMES

DE MM. ERICSSON ET LEMOINE,

PAR M. F. REECH,

DIRECTEUR DES CONSTRUCTIONS NAVALES, DIRECTEUR DE L'ÉCOLE IMPÉRIALE DU GÉNIE MARITIME,
OFFICIER DE LA LÉGION D'HONNEUR.

PUBLIÉ SOUS LES AUSPICES DU MINISTRE DE LA MARINE ET DES COLONIES.

PARIS,

MALLET-BACHELIER, IMPRIMEUR-LIBRAIRE
DU BUREAU DES LONGITUDES, DE L'ÉCOLE IMPÉRIALE POLYTECHNIQUE,
Quai des Augustins, n° 55.

1854

MACHINE A AIR

D'UN NOUVEAU SYSTÈME.

OUVRAGES DE M. REECH.

Cours de Mécanique d'après la nature généralement flexible et élastique des Corps, comprenant la **Statique** et la **Dynamique** avec la Théorie des vitesses virtuelles, celle des forces vives et celle des forces de réaction, la Théorie des mouvements relatifs et le Théorème de Newton sur la similitude des mouvements. In-4; 1852 .... 12 fr.

Théorie générale des effets dynamiques de la chaleur. In-4, avec planches; 1854 .... 10 fr.

PARIS. — IMPRIMERIE DE MALLET-BACHELIER, rue du Jardinet, n° 12.

MACHINE A AIR

D'UN NOUVEAU SYSTÈME

DÉDUIT

D'UNE COMPARAISON RAISONNÉE DES SYSTÈMES

DE MM. ERICSSON ET LEMOINE,

PAR M. F. REECH,

DIRECTEUR DES CONSTRUCTIONS NAVALES, DIRECTEUR DE L'ÉCOLE IMPÉRIALE DU GÉNIE MARITIME,
OFFICIER DE LA LÉGION D'HONNEUR.

PUBLIÉ SOUS LES AUSPICES DU MINISTRE DE LA MARINE ET DES COLONIES.

PARIS,

MALLET-BACHELIER, IMPRIMEUR-LIBRAIRE

DU BUREAU DES LONGITUDES, DE L'ÉCOLE IMPÉRIALE POLYTECHNIQUE,

Quai des Augustins, n° 55.

1854

AVANT-PROPOS (*).

Les élèves dont j'ai eu à diriger l'instruction depuis une vingtaine d'années à l'École d'Application du Génie maritime savent que, peu de temps après la publication du Mémoire de M. Clapeyron sur la puissance motrice du feu (tome XIV du *Journal de l'École Polytechnique,* année 1834), je suis parvenu à tracer une figure en forme de triangle à côtés curvilignes, dont l'aire représente le maximum de force motrice théoriquement possible avec la quantité de chaleur développée par la combustion supposée parfaite d'un kilogramme de carbone, en vase clos, dans un volume suffisant d'air atmosphérique.

En appliquant à cette figure le principe développé par M. Clapeyron (et dont l'invention est due à M. S. Carnot), je fis voir que la quantité de force motrice produite par nos meilleures machines à vapeur n'était représentée que par une bande excessivement étroite de l'aire totale du triangle.

Nos physiciens les plus éminents, à la tête desquels se trouve M. Regnault, contestent aujourd'hui le principe de MM. Carnot et Clapeyron, mais le nouveau point de doctrine qu'ils lui substituent est tel, qu'à cet autre point de vue de la question, le rendement de force motrice de nos machines à vapeur n'en doit pas moins être regardé comme une fraction extrêmement petite de la totalité de ce que la nature met à notre disposition dans le phénomène de la combustion d'un kilogramme de carbone.

(*) *Voyez,* pour la complète intelligence de ce qui va suivre, le feuilleton du *Moniteur universel* du 16 mars 1853.

Pénétré de cette importante conclusion d'après l'ancienne comme d'après la nouvelle théorie, j'ai consacré vainement des années de travail à rechercher quelque moyen plus avantageux que celui de nos machines à vapeur pour produire de la force motrice avec de la chaleur.

J'avais abandonné le sujet, quand la machine à air chaud d'Ericsson fit son apparition dans le monde industriel.

Je compris qu'il y avait quelque chose de nouveau et de fondamental dans l'emploi des toiles métalliques d'Ericsson. Je voulais m'en rendre compte sur ma figure théorique, et je vis avec une indicible joie que, à part des imperfections et des difficultés pratiques qui se rencontrent toujours en de pareilles questions, l'emploi des toiles métalliques d'Ericsson avait pour objet de faire réaliser indirectement (par reprises successives de la chaleur déjà employée) une très-grande partie de cette immense aire triangulaire qui m'avait semblé perdue à jamais.

Je parvins à représenter graphiquement sur ma figure les portions d'aires réalisables et les portions d'aires qui continuaient à ne pas être réalisables dans la machine d'Ericsson. J'avais donc à me préoccuper de la manière de rendre un minimum la somme des aires non réalisables, et, en discutant attentivement la question, je fus conduit à la règle théorique que voici :

Visez toujours à élever le plus possible la température du gaz que vous voudrez employer et à diminuer le plus possible l'excédant de la pression du gaz sur la pression atmosphérique.

En d'autres termes, tâchez d'obtenir des diagrammes très-longs et très-peu hauts, non dans le cylindre travailleur d'Ericsson, mais dans quelque autre organe qui puisse tenir lieu de celui-là ; car dans le cylindre d'Ericsson il est bien évident qu'avec une température trop élevée, l'emploi d'un piston ne serait plus possible, et qu'avec une différence de pression trop petite non-seulement l'encombrement du mécanisme pour une force donnée serait immense, mais encore que le seul frottement du piston finirait par excéder la pression de l'air chaud et empêcherait tout mouvement.

Je vis encore sur ma figure qu'en laissant de côté la condition du mode d'emploi le plus avantageux possible de la chaleur, il y avait à résoudre le problème de l'encombrement minimum d'une machine à air chaud d'une force donnée; et que, dans ce but, la température du gaz employé devait continuer à être la plus haute possible, mais que l'excédant de pression du gaz sur la pression atmosphérique ne devait être ni trop petite ni trop grande.

Il ne me fut pas possible d'assigner la condition algébrique du problème de l'encombrement minimum d'une machine de force donnée, mais il me parut que la machine d'Ericsson, alors même qu'on réussirait à l'assujettir à cette condition, serait encore d'un encombrement beaucoup trop grand pour pouvoir être employée à bord d'un bâtiment à vapeur à grande vitesse.

Par suite, la machine d'Ericsson n'eut d'autre importance à mes yeux que celle du principe des toiles métalliques qu'elle m'avait fait connaître, principe essentiel dont à l'avenir aucune machine à air chaud ne saurait être dépourvue, mais dont la meilleure application était encore à trouver.

Tout ce que je viens de relater jusqu'ici forme la première Partie essentielle de la Note qui a été insérée dans le feuilleton du *Moniteur* du 16 mars 1853.

La seconde Partie essentielle de la même Note se réduit à dire que :

1°. Le mode de combustion actuellement usité par le tirage naturel d'une cheminée à air libre est très-défectueux et fait perdre beaucoup de chaleur, tantôt par surabondance, tantôt par insuffisance d'air.

Toute quantité d'air surabondante entre froide dans le fourneau et emporte de la chaleur avec elle en sortant chaude par la cheminée.

Quand il y a insuffisance d'air, la combustion n'est plus complète, et l'on voit sortir par la cheminée de la fumée, composée de produits gazeux et de matières très-divisées susceptibles d'être brûlés et par conséquent susceptibles de fournir de la chaleur.

2°. Le mode de chauffage actuellement usité, par la juxtaposition immédiate de la matière à échauffer et des produits de la combustion à refroidir, est très-défectueux en ce que le courant de gaz chaud ne saurait être refroidi au-dessous d'une limite toujours supérieure à la température T de la matière qu'on se proposera d'échauffer.

Pour remédier au deuxième inconvénient, c'est-à-dire à l'imperfection du mode de chauffage actuellement usité, il faudra que l'on dispose deux longs conduits renfermés l'un dans l'autre, ou simplement juxtaposés avec une mince cloison de séparation, et que l'on fasse affluer la matière à échauffer par l'un des conduits, tandis que les produits de la combustion à refroidir s'échapperont en sens contraire par l'autre conduit.

De cette manière les produits sortants de la combustion pourront être refroidis jusqu'à une température peu supérieure à celle de la matière froide entrante.

Mais, du moment où les produits gazeux de la combustion n'auront plus une température suffisamment élevée dans la cheminée, il n'y aura plus de cause de tirage, et il faudra que la cause absente du tirage soit remplacée par une soufflerie. Du même coup la combustion se fera en vase clos et, au moyen d'une simple valve qui permettra de modérer plus ou moins le courant d'air affluent, on parviendra à rendre la combustion aussi parfaite que possible dans chaque cas.

Quant à la température élevée du foyer, il suffira qu'on dispose les choses de manière à pouvoir régler à la fois la quantité du combustible exposé et la quantité d'air affluent, pour que l'on soit maître, non-seulement de produire une combustion parfaite, mais encore de limiter la température du fourneau.

Je n'insisterai pas sur les différentes manières de parvenir à de tels résultats pratiques. Je me bornerai à citer comme l'un des moyens possibles, le fourneau clos qui a été décrit sommairement dans la Note déjà citée du feuilleton du *Moniteur* du 16 mars 1853.

Avec un tel fourneau et avec une soufflerie la combustion pourra être effectuée en vase clos à une pression plus élevée que celle de l'atmosphère toutes les fois que la nécessité ou l'utilité s'en présenteront.

Il y a des cas où le principal but du chauffage est de produire une température très-élevée, et dans ce cas-là on réussira bien manifestement, dans un fourneau clos alimenté d'air déjà *fortement échauffé*, à produire une température très-supérieure à celle d'un fourneau à air libre alimenté d'air froid.

En y réfléchissant, on ne voit pas ce qui pourrait empêcher d'élever, au besoin, la température dans un tel fourneau jusqu'au point de fondre tous les matériaux dont on voudrait faire usage.

Dans d'autres cas, au contraire, où une température trop élevée aurait des inconvénients, il suffira qu'on fasse mélanger les produits chauds de la combustion avec une quantité assez considérable d'air froid pour que la température dans la chambre à feu puisse être abaissée autant qu'on le voudra, ainsi je que l'ai déjà dit.

A cela se réduit la deuxième Partie essentielle de la Note qui a été insérée dans le feuilleton du *Moniteur* du 16 mars 1853.

La troisième Partie de la même Note avait pour objet de trouver quelque moyen pratiquement acceptable de satisfaire en même temps aux deux conditions théoriques, dont l'une ne concerne que le mode d'emploi le plus avantageux de la chaleur avec de l'air très-fortement échauffé et très-peu comprimé, et dont l'autre ne concerne que le mode de production le plus avantageux de la chaleur dans un fourneau clos.

La conclusion de la troisième Partie était que, avec l'emploi de cylindres et de pistons, on ne saurait remplir à la fois l'une et l'autre condition, mais qu'avec une soufflerie à air froid supposée dépourvue de résistances passives, et avec un système assez étendu de tubes minces en place des toiles métalliques d'Ericsson, la turbine deviendrait l'organe moteur par excellence d'une machine à air chaud.

Une turbine à air chaud (à part de grandes difficultés d'exécution qu'il aurait au moins fallu essayer de vaincre) fût devenue une machine étonnamment simple et élégante, si l'on avait pu composer la soufflerie d'un ventilateur à force centrifuge établi sur le même arbre que la turbine.

Malheureusement la somme considérable des résistances passives d'un ventilateur à force centrifuge ne permettait pas de songer à une telle disposition, et il fallait chercher quelque autre espèce de machine soufflante.

Mais toute espèce de machine soufflante qu'on voudrait faire mouvoir avec de la force motrice empruntée à celle d'une turbine qui fonctionnerait avec une faible différence de pression, entre l'air entrant et l'air sortant, ferait certainement rencontrer le même obstacle que le ventilateur à force centrifuge; c'est-à-dire que la somme des résistances passives l'emporterait sur la somme des forces mouvantes et que le système ne fonctionnerait pas.

Il me fallait donc songer à une soufflerie qui marchât d'elle-même, c'est-à-dire qui pût fonctionner avec une certaine dépense de chaleur appliquée directement à la soufflerie indépendamment de celle que nécessiterait le fonctionnement de la turbine.

Cette manière de concevoir les choses ne formait pas un contre-sens en mécanique, car j'en ai fait entrevoir la possibilité théorique dans la Note du feuilleton du 16 mars 1853, et j'ai dit, notamment, qu'au besoin j'emploierais le piston refouloir de M. Franchot, pour faire une telle soufflerie (à cylindre et à piston).

J'ajoute que plusieurs projets de M. Franchot, et de même la machine d'Ericsson tout entière, peuvent être considérés comme étant des machines soufflantes qui se mènent elles-mêmes de manière à ne pas vaincre seulement les résistances passives de leurs mécanismes, mais à donner encore un certain excédant de force motrice.

Tel était l'ordre de mes idées en mars 1853, et depuis je n'ai pas cessé de combiner des machines soufflantes de l'espèce que je viens d'indiquer. Mais je n'ai su rien trouver sans employer des cylindres et des pistons, tantôt comme M. Franchot, tantôt comme Ericsson, et par de tels moyens la difficulté initiale des résistances passives de la soufflerie se trouvait incontestablement vaincue, mais je tombais dans l'inconvénient de faire une soufflerie qui à elle seule (à cause de la faible compression de l'air) eût été plus encombrante que la machine d'Ericsson.

Il me fallait donc renoncer à l'emploi d'une turbine par l'impossibilité de trouver une soufflerie assez peu encombrante.

J'en étais là de mes pénibles recherches, quand je reçus une brochure intitulée : *De l'emploi des toiles métalliques dans les machines à air chaud, et de leur application dans un système particulier,* par M. Louis Lemoine (à Rouen, chez M. Dubus, libraire; à Paris, chez MM. Carilian-Gœury et Victor Dalmont, quai des Augustins, 49; septembre 1853).

La lecture de cette brochure et l'inspection de la planche qui s'y trouve jointe (voy. *fig.* 5, à la suite du présent texte), firent sur moi les impressions que voici :

Premièrement, l'ensemble de la machine de M. Lemoine me parut être une réalisation très-immédiate de l'idée mère à laquelle je m'étais habitué depuis longtemps à rapporter différents projets de M. Franchot, ainsi que je l'expliquerai tout à l'heure;

Secondement, j'y voyais l'emploi des toiles métalliques d'Ericsson d'une manière tellement heureuse, que l'espace nuisible s'y trouvait réduit à sa moindre valeur imaginable;

Troisièmement, je n'y voyais pas de piston frottant contre la partie chaude d'un cylindre comme dans la machine d'Ericsson.

Le piston travailleur et son tiroir ou ses soupapes fonctionnaient à froid, ce qui me parut être une innovation capitale et fort essentielle dans la construction d'une bonne machine à air.

Avec de telles dispositions, et *à part la question de l'encombrement du mécanisme pour une force donnée,* que je discuterai par la suite, il me semblait qu'il ne restait plus qu'à disposer mon fourneau clos en place d'un fourneau à air libre pour que la machine de M. Lemoine dût faire obtenir, d'une manière pratiquement admissible, une quantité de force motrice donnée avec la moindre dépense de combustible qu'il soit permis d'espérer, dans l'état actuel de nos connaissances sur les effets dynamiques de la chaleur.

Avec une telle conviction, je devais me proposer d'étudier à fond la machine de M. Lemoine et toutes les modifications que je trouverais à y apporter de manière à en diminuer le trop grand encombrement. Tel est le but du Mémoire qui va suivre et dont ce qui précède forme l'introduction.

MACHINE A AIR

D'UN NOUVEAU SYSTÈME.

CHAPITRE PREMIER.

Explication sommaire de la machine de M. Lemoine.

Je suppose que le lecteur ait pris connaissance de la brochure de M. Lemoine et qu'il ait sous les yeux l'une des deux planches qui se trouvent jointes à cette brochure (*); mais je ne demande pas que l'on ait approfondi toutes les particularités de la planche. Je ne veux d'abord fixer l'attention que sur le grand cylindre placé au-dessus du fourneau D. Ce cylindre renferme le piston à toiles métalliques *ee*, avec des saillies massives G qui s'engagent dans des creux correspondants du fond du cylindre et qui n'ont d'autre objet que de multiplier les surfaces de chauffe.

Au point de vue des explications théoriques que j'ai à donner, on pourra faire abstraction de ces saillies, que peut-être la pratique ne rendra pas indispensables, et dont la suppression conduirait à une forme d'exécution plus simple; mais dans ce cas il faudrait qu'on donnât de la convexité au piston et au fond du cylindre par en bas, afin que le système devînt capable de résister à une pression donnée avec une moindre épaisseur de métal, et qu'on parvînt du même coup à augmenter l'étendue de la surface de chauffe ainsi que la quantité de chaleur susceptible de traverser une étendue donnée de parois de moindre épaisseur.

Quoi qu'il en soit, je me servirai à l'avenir du mot *refouloir* pour désigner le piston à toiles métalliques *ee*.

Le refouloir devra jouer le même rôle que les toiles métalliques d'Ericsson

(*) Ceux de mes lecteurs qui n'auront pu prendre connaissance de la brochure de M. Lemoine, devront porter leur attention sur la *fig.* 5 placée à la suite du présent Mémoire, pour qu'il leur soit possible de comprendre suffisamment ce qui va suivre.

et, pour que cela ait lieu plus sûrement, M. Lemoine propose de faire circuler un courant d'eau froide dans un serpentin à travers la couche supérieure des toiles métalliques *ee*, tandis que la face inférieure du refouloir sera échauffée jusqu'à une température de 300 degrés environ.

Le courant d'eau réfrigérant entrera et sortira par la tige du refouloir en F' et F''. Il y a en cela une complication de mécanisme à laquelle on ne devra se soumettre qu'autant que l'expérience en montrera la nécessité, et peut-être qu'une telle nécessité ne se ferait pas sentir si le refouloir pouvait fonctionner très-vivement avec une aspiration considérable d'air frais à chacune de ses courses descendantes. A l'entour du cylindre en II et sur le couvercle en I'I', il y aura d'autres courants d'eau froide pour empêcher l'échauffement de ces parties de la machine.

Le refouloir porte à sa circonférence une chemise pendante métallique qui, pendant le mouvement ascensionnel du refouloir, servira d'écran entre l'air échauffé à près de 300 degrés au-dessous du refouloir et la partie métallique froide HI' du cylindre. Cette chemise pendante me semble être aussi une des dispositions très-heureuses de la machine de M. Lemoine, et pourra être faite de plusieurs feuilles de métal juxtaposées afin que la chaleur éprouve de plus grandes difficultés à la traverser.

Cela posé, je me représente le refouloir dans sa position la plus basse, et j'imagine qu'au-dessus le cylindre soit plein d'air froid à la pression d'une atmosphère, puis je pousse le refouloir de bas en haut. Le cylindre est d'ailleurs supposé parfaitement clos.

Alors il est clair que l'air froid contenu dans le haut du cylindre aura dû passer à travers le refouloir comme à travers une éponge, et aura dû s'échauffer aux dépens de la chaleur qui se trouvait emmagasinée dans cette éponge.

Donc, à l'instant où le refouloir se trouvera au haut de sa course, le cylindre se trouvera plein d'air chaud et la pression sera plus grande. En supposant, pour fixer les idées, que la température de l'air ait pu être portée de 0 à 272 degrés centigrades, la pression se trouvera doublée.

Je pousse maintenant le refouloir de haut en bas, alors l'effet inverse se produira. L'air chaud contenu dans le bas du cylindre passera à travers le refouloir comme à travers une éponge, et y laissera la plus grande partie de sa chaleur.

Donc, à l'instant où le refouloir se trouvera au bas de sa course, le cylindre se trouvera plein d'air tiède et la pression sera devenue moindre.

En supposant, pour bien fixer les idées, qu'avec des réfrigérants suffisamment efficaces, l'air ait pu être ramené exactement à sa température initiale, la pression sera redevenue la même, et, à ce point de vue abstrait de la question, on aura un cylindre clos dans lequel il suffira de pousser le refouloir à toiles métalliques alternativement en haut et en bas pour faire varier la pression alternativement de 1 à 2 et de 2 à 1, sans autre dépense de force motrice que le peu qui sera nécessaire pour vaincre, d'une part le frottement de la tige du refouloir dans son presse-étoupe, et d'autre part la faible résistance qu'éprouvera l'air à traverser les mailles des toiles métalliques.

L'ensemble des toiles métalliques fonctionnera d'ailleurs comme dans la machine d'Ericsson, à cela près que dans la machine d'Ericsson c'est le volume de l'air qui devient double sous une pression constante, tandis qu'ici c'est la pression de l'air qui devient double sous un volume constant.

Tout cela étant supposé compris, je vais faire faire un deuxième pas à mes raisonnements ; mais, pour être plus clair, je ferai complétement abstraction du dispositif de la planche de M. Lemoine.

J'imaginerai tout uniment (*fig.* 5) que le cylindre de mes précédents raisonnements soit mis en communication à travers le couvercle avec un grand réservoir dans lequel se trouve de l'air déjà comprimé à une pression p entre 1 et 2 atmosphères. Je suppose à l'orifice du couvercle une soupape qui puisse ouvrir naturellement du cylindre vers le réservoir, mais point en sens contraire. Je suppose encore sur le couvercle un orifice de communication avec l'atmosphère ambiante, et dans cet orifice une soupape qui puisse ouvrir naturellement du dehors au dedans et point en sens contraire.

Voici alors ce qui se passera pendant une double excursion du refouloir dans son cylindre.

Quand le refouloir sera au bas de sa course, le haut du cylindre sera plein d'air froid à la pression d'une atmosphère; à mesure que le refouloir montera, la pression dans le cylindre augmentera jusqu'à la limite p du réservoir adjacent. A partir de cette limite jusqu'au haut de la course du refouloir, la pression n'augmentera plus dans le cylindre, mais la soupape de communication avec le réservoir adjacent s'ouvrira, et une partie de l'air froid du cylindre pénétrera dans le réservoir.

Quand le refouloir descendra à partir du haut de sa course, la pression dans le cylindre ira en diminuant, et la soupape de communication avec le réservoir se fermera, puis, à l'instant où la pression décroissante dans le cylindre deviendra inférieure à la pression atmosphérique, l'autre soupape s'ouvrira, et de l'air froid entrera dans le cylindre jusqu'à la fin de la course descendante du refouloir.

De cette manière, donc, le jeu du refouloir, avec une dépense de force motrice véritablement insignifiante, servira à porter dans le réservoir adjacent, à chacune de ses doubles excursions, une certaine quantité d'air comprimé à une pression p, qui pourra être fixée à volonté entre 1 et 2 atmosphères.

On pourra ensuite se servir de l'air ainsi comprimé dans le réservoir pour faire marcher un piston dans un cylindre, exactement comme dans une machine à vapeur sans condenseur, où la vapeur venant de la chaudière se trouverait remplacée par de l'air comprimé à une pression p.

D'un côté du piston il y aura une force mouvante p, et du côté opposé une force résistante égale à la pression de l'atmosphère que je représenterai par 1.

On aura, par ce moyen, une force mouvante égale à la section du piston multipliée par la différence $p - 1$, et pourvu que ce produit excède les frottements du piston et de sa tige, ainsi que la somme correspondante des résistances à vaincre par le refouloir, on recueillera de la force motrice qui ne coûtera qu'une dépense assez minime de chaleur venue du fourneau D à travers le fond du cylindre.

Seulement, pour que les choses puissent se passer indéfiniment de la même manière, il sera nécessaire que, pendant une double excursion du refouloir, le cylindre travailleur ne reçoive pas une plus grande quantité d'air que celle qui, dans le même intervalle de temps, pourra être versée par le jeu du refouloir dans le réservoir, et cette condition servira à trouver le rapport du volume du cylindre travailleur au volume du cylindre du refouloir, quand la pression p dans le réservoir sera donnée ; ou réciproquement, quand le rapport des volumes des cylindres aura été fixé arbitrairement (dans l'hypothèse d'un état de mouvement solidaire entre le piston et le refouloir), cette condition permettra de calculer la pression p qui d'elle-même finira par s'établir dans le réservoir.

Le cylindre travailleur pourra d'ailleurs être disposé à simple effet ou à double effet, et, dans ce dernier cas, il devra avoir une capacité deux fois moindre que dans l'autre.

A la fin d'un coup de piston, l'air employé s'échappera dans le milieu atmosphérique, et rien n'empêchera d'en utiliser auparavant, non-seulement la force motrice directe sous la pression constante p, pendant la durée de son introduction dans le cylindre travailleur, mais encore toute la force expansive, depuis la cessation de l'introduction jusqu'à la fin de la course, à partir de la pression initiale p jusqu'à la pression finale 1.

Si l'on s'est bien pénétré de ce que je viens de dire, on aura une idée parfaitement exacte de la machine primitive ou de la machine à air libre de M. Lemoine.

Par une telle disposition, on doit pouvoir réaliser une quantité donnée de force motrice avec une dépense de chaleur très-minime, et dans le cas où l'on parviendrait encore à faire passer une quantité assez considérable de chaleur à travers le fond du cylindre, dans un temps donné, pour qu'on pût faire fonctionner le refouloir avec une très-grande vitesse, on réussirait peut-être à n'avoir besoin d'autre cause réfrigérante dans l'intérieur du cylindre que les aspirations d'air frais dont il a été question pendant la descente du refouloir, ce qui rendrait la machine plus simple et d'une exécution plus facile.

Malheureusement l'encombrement d'une telle machine sera très-grand, ainsi qu'on le verra bientôt, et, pour y obvier, M. Lemoine a imaginé d'opérer avec de l'air quatre fois plus dense.

Pour faire comprendre plus clairement la machine définitive à ce point de vue, je continuerai à faire abstraction du dispositif de la planche de M. Lemoine, et, après avoir reporté toute mon attention sur la machine précédente à air libre, je concevrai tout simplement un deuxième réservoir destiné à recevoir, par un certain conduit, l'air sortant du cylindre travailleur, et à fournir, par un autre conduit, la quantité d'air qu'aspirera le cylindre du refouloir, en lieu et place de l'air libre qui devait être aspiré précédemment.

Par le premier conduit, le deuxième réservoir sera librement en communication avec la boîte du tiroir du cylindre travailleur, de la même manière exactement que, dans une machine à vapeur sans condenseur, le milieu atmosphérique est librement en communication avec la boîte du tiroir.

Dans le deuxième conduit, allant du réservoir au cylindre du refouloir, il y aura la même soupape d'aspiration que précédemment avec le milieu atmosphérique.

Le deuxième réservoir ne servira, en un mot, qu'à former une atmosphère artificielle à telle pression p_0 que l'on voudra, en lieu et place de la pression déterminée de l'atmosphère naturelle ou libre.

Avec ce peu de mots, la machine définitive de M. Lemoine se trouvera décrite et devra être parfaitement comprise.

Je désignerai à l'avenir le cylindre du refouloir par la dénomination plus commode de *cylindre à feu*, et alors voici comment les choses se passeront.

La pression minimum dans le cylindre à feu, quand le refouloir se trouvera au bas de sa course, sera égale à la pression p_0 du deuxième réservoir; puis, quand le refouloir montera de bas en haut, il suffira que la température de l'air puisse augmenter de 0 à 272 degrés, pour que la pression dans le cylindre à feu, supposé clos, s'élève à $2p_0$.

Lors donc que dans le premier réservoir il y aura une pression p comprise entre p_0 et $2p_0$, et que, dans le tuyau de communication du cylindre à feu avec ce premier réservoir, il y aura la soupape d'évacuation qui a été décrite plus haut, une certaine quantité d'air tiède pénétrera dans le réservoir à la pression p qui y régnera, puis, pendant la descente du refouloir, la soupape se fermera, et l'autre soupape, la soupape d'aspiration avec le deuxième réservoir à la pression p_0, s'ouvrira, de manière que dans la position la plus basse du refouloir le haut du cylindre à feu se trouvera rempli d'une nouvelle quantité d'air froid, ou d'air tiède du moins, à la pression p_0.

En même temps, le cylindre travailleur se trouvera alimenté par de l'air tiède comprimé à la pression p, et la résistance derrière le piston sera p_0 : ce qui produira une force mouvante égale au produit de la section du piston par la différence $p - p_0$.

De cette manière, il est bien clair qu'en opérant avec de l'air quatre fois plus dense partout, on aura avec les mêmes cylindres quatre fois plus de force motrice, sans compter que la somme des résistances passives de tout le mécanisme sera une fraction bien moindre de la force mouvante totale $p - p_0$, et, pourvu qu'une somme de chaleur à peu près quatre fois plus grande puisse traverser le fond du cylindre à feu dans un temps donné, de manière qu'on ne soit pas obligé de ralentir la vitesse du mouvement, il y aura un avantage réel à transformer ainsi la machine primitive de M. Lemoine.

Mais à côté de l'avantage se trouvera l'inconvénient d'avoir à disposer le deuxième réservoir à la pression p_0, et comme on ne saurait faire usage de réservoirs à air comprimé sans éprouver quelques pertes par des joints non hermétiquement clos, il deviendra nécessaire d'ajouter à l'appareil une pompe alimentaire capable d'envoyer assez d'air froid comprimé dans le deuxième réservoir pour que la pression puisse s'y maintenir à la limite fixée p_0.

Ainsi le volume ou l'encombrement de l'appareil augmentera, et si l'encombrement devenait double pour une force quatre fois plus grande, l'avantage final ne serait plus que de 2 à 1 au lieu de 4 à 1, etc.

Ramenée à ce que je viens de dire jusqu'ici, la machine de M. Lemoine, soit à air libre, soit à air comprimé, sera pratiquement acceptable ou possible du moins.

On pourrait, à la vérité, lui reprocher un grand défaut d'équilibre dans le mécanisme, par suite du poids considérable du refouloir à toiles métalliques, mais on parviendrait à remédier à un tel défaut d'une manière assez satisfaisante en disposant deux cylindres à feu et en suspendant les refouloirs de ces cylindres aux deux extrémités d'un balancier comme celui des machines à vapeur de Watt.

Ainsi la question capitale sera celle de l'encombrement du mécanisme pour une force donnée, et cette question se décomposera en deux autres dont l'une pourra être soumise au calcul, tandis que l'autre ne pourra être déterminée que par l'expérience.

On pourra trouver, en effet, par le calcul, la quantité de force motrice du cylindre travailleur pendant une double excursion du refouloir, alors qu'on se donnera arbitrairement la pression p_0 dans le deuxième réservoir et la pression p supposée comprise entre p_0 et $2p_0$ dans le premier réservoir, ainsi qu'on le verra par la suite. On pourra trouver d'abord la quantité de force motrice du cylindre travailleur avec ou sans détente, et déterminer ensuite la condition géométriquement nécessaire pour qu'avec un cylindre à feu d'un volume donné la quantité de force motrice obtenue dans le cylindre travailleur devienne un maximum.

Mais l'expérience seule pourra faire trouver quelle quantité de chaleur il sera possible de faire passer à travers le fond du cylindre à feu dans un temps donné, et, par suite, jusqu'à quel point il sera permis de faire augmenter la vitesse du refouloir.

Il pourrait y avoir là un obstacle qui empêchât de réaliser l'avantage que M. Lemoine se promet du fonctionnement de sa machine à une pression élevée.

De toute manière on devra donner au cylindre à feu une large base et une faible hauteur, puis viser encore à augmenter l'étendue de la surface de chauffe et à diminuer l'épaisseur du fond du cylindre, tout en lui conservant la propriété de résister à une forte pression et à une température de plus de 300 degrés, s'il est possible.

A ce point de ma discussion, il ne me resterait plus qu'à faire le calcul algébrique de la quantité de force motrice du cylindre travailleur par rapport à un volume donné du cylindre à feu pour terminer ce que je puis avoir à dire sur le *projet de machine à air chaud de M. Lemoine, ramené à des formes et à des dispositions pratiquement acceptables.*

Mais j'ai tout un autre but en vue. Le projet de M. Lemoine ne doit être envisagé, dans ce Mémoire, que comme une occasion que j'ai rencontrée de pouvoir traiter à fond, avec une clarté inespérée, de la théorie générale des machines à air chaud disposées d'après le principe des toiles métalliques d'Ericsson.

Je quitte donc pour un instant le projet de M. Lemoine, pour donner libre carrière à mes idées, sauf à y revenir par le cours naturel de ma discussion.

CHAPITRE II.

De la machine de M. Lemoine, considérée comme une soufflerie pouvant servir à comprimer de l'air avec une certaine dépense de chaleur seulement. — De la manière de faire fonctionner avec une telle soufflerie, d'abord une turbine à air chaud, puis une turbine à air froid, et enfin le cylindre travailleur de M. Lemoine, qui satisfera à la double condition d'une plus grande simplicité et d'un moindre encombrement pour une machine de force donnée.

La machine primitive ou à air libre de M. Lemoine, que j'ai décrite au chapitre précédent, me paraît être le type originel de cette espèce de machines soufflantes dont je me suis occupé dans l'introduction du présent Mémoire et dans la Note du *Moniteur* du 16 mars 1853, comme devant être capables, non-seulement de vaincre leurs propres résistances, mais encore de produire un bénéfice de force motrice en outre de leur action soufflante.

Ce n'est vraiment pas autre chose que j'avais en vue dans ma Note du *Moniteur*, quand je parlais d'employer le piston refouloir de M. Franchot. Je ne connaissais pas alors M. Lemoine, et j'ignore encore aujourd'hui si le premier inventeur doit être nommé M. Lemoine ou M. Franchot, car, pour moi, je ne réclame que la liberté de discuter sur une chose que j'ai rencontrée dans mon chemin, et qui me paraissait de nature à pouvoir servir à mes projets.

Je dis donc que la machine à air libre de M. Lemoine pourra être envisagée comme une machine soufflante qui sera capable, non-seulement de vaincre ses propres résistances, mais encore de produire un bénéfice net de force motrice en outre de son action soufflante.

Puis, quand l'action soufflante devra être l'effet principal, on pourra renoncer à recueillir de la force motrice et augmenter la pression de l'air sortant du cylindre travailleur jusqu'au point de ne pas faire aller la machine plus vite que ne le comportera, soit le phénomène de la transmission d'une quantité suffisante de chaleur à travers le fond du cylindre à feu, soit quelque autre circonstance pratique.

On pourra encore, dans ce cas-là, où l'action soufflante devra être l'effet principal, faire jouer le refouloir dans son cylindre avec une petite quantité de force motrice empruntée à quelque moteur étranger, afin de pouvoir supprimer le cylindre travailleur de M. Lemoine et de réaliser une plus grande action soufflante pour un orifice percé directement dans le réservoir à air comprimé à la pression p.

De l'air ainsi comprimé (toujours à part la question de l'encombrement de la soufflerie que je ne manquerai pas de discuter ultérieurement) pourrait être employé à desservir ma turbine à air chaud.

Bien mieux, de l'air ainsi comprimé, avec une dépense de force motrice à peu près nulle et avec une certaine consommation de chaleur principalement, pourrait être employé à faire fonctionner une *turbine à air froid* en lieu et place du cylindre travailleur de M. Lemoine, alors qu'il s'agira d'obtenir de la force motrice.

Il sera donc possible maintenant, avec une soufflerie de l'espèce dont je me suis préoccupé avec tant d'ardeur depuis le commencement de l'année 1853, de faire fonctionner une turbine à air froid en place d'un cylindre et d'un piston, et, par suite, une turbine à air froid en place de la turbine à air chaud de ma Note du *Moniteur* du 16 mars 1853.

Dès lors il me faudra établir un parallèle entre une turbine à air chaud et une turbine à air froid : ce qui ne sera ni long ni difficile.

Pour faire fonctionner la turbine à air chaud, il me faudra redonner une haute température à l'air froid sortant de la machine de M. Lemoine.

Cela augmentera du simple au double la quantité de force motrice à obtenir par la turbine, mais aussi me faudra-t-il dépenser une seconde fois de la chaleur et reprendre ensuite la nouvelle quantité de chaleur aux gaz chauds sortants de la turbine, ce qui ne pourra plus se faire avec les toiles métalliques d'Ericsson à cause du cours non interrompu des gaz chauds dans le même sens, et ce que j'avais proposé de faire d'une manière équivalente à celle d'Ericsson par un grand calorifère.

Si je renonce à faire la seconde dépense de chaleur, ma turbine fonctionnera à air froid, et le grand calorifère devra être supprimé : ce qui simplifiera immensément la machine.

Avec la turbine à air froid je ne retirerai, à la vérité, d'une même masse d'air sous une même pression, que la moitié de la force motrice que me donnerait la turbine à air chaud après que j'aurais doublé le volume de l'air par une nouvelle dépense de chaleur, mais je retrouverai une force égale en opérant sur une masse d'air double, c'est-à-dire en doublant le volume du cylindre à feu, et cette solution sera sans doute plus simple et plus satisfaisante, sinon aussi moins encombrante, que celle de la turbine à air chaud avec son grand calorifère, pourvu toutefois que je parvienne, en fin de compte, à ne pas perdre les avantages du fourneau clos de mon projet de turbine à air chaud.

Avec une turbine à air froid, je n'éviterai pas seulement le grand calorifère et les inconvénients physiquement inhérents à l'emploi de gaz très-chaud dans les conduits de la machine, mais, au point de vue purement mécanique des choses, il arrivera que, sous une même pression, de l'air froid aura une densité double et que, par suite, la vitesse d'écoulement de l'air à travers un orifice, sous une pression donnée, se trouvera diminuée dans la proportion de $\sqrt{\frac{1}{2}}$ à 1, ce qui permettra de diminuer aussi dans la proportion de $\sqrt{\frac{1}{2}}$ à 1 la vitesse à la circonférence de la turbine.

En d'autres termes et sous un autre point de vue, une turbine de *grandeur donnée* et de *vitesse donnée* supposée alimentée par un gaz deux fois plus dense, devra fonctionner avec une différence de pression double, et alors, avec de l'air deux fois plus dense, à égale vitesse, à travers les mêmes orifices, la même turbine fera obtenir une quantité de force motrice double.

Ainsi l'on pourra employer le cylindre à feu de M. Lemoine, pour alimenter directement une turbine à air froid, et, pourvu qu'on double le volume du cylindre à feu, on obtiendra, sous une même pression, avec une somme d'orifices double et avec une vitesse moindre dans la proportion de $\sqrt{\frac{1}{2}}$ à 1, la même quantité de force motrice que celle que donnerait ma turbine à air chaud avec des dispositions moins simples et beaucoup plus encombrantes.

En d'autres termes et sous un autre point de vue, avec une turbine de grandeur donnée et de vitesse donnée, supposée alimentée d'abord par de l'air chaud et ensuite avec de l'air froid, la quantité de force motrice sera la même quand, en cessant de chauffer l'air, on augmentera le volume du cylindre à feu de M. Lemoine au point d'en faire sortir, dans un temps donné, un égal volume d'air sous une pression double, et, par suite, à une densité double.

De cette manière, comme de la précédente, une turbine à air froid sera sans doute préférable à une turbine à air chaud.

Pourquoi donc n'ai-je pas proposé dès l'origine une turbine à air froid en place d'une turbine à air chaud? Parce que je ne me figurais pas de prime abord qu'il serait physiquement possible d'obtenir une soufflerie à air froid plus ou moins comprimé, avec une certaine dépense de chaleur seulement, et qu'il me paraissait indispensable de faire mouvoir la soufflerie dont j'avais besoin avec de la force motrice empruntée à la turbine, de même qu'Éricsson fait mouvoir son cylindre alimentaire (ou soufflant) avec une partie de la force motrice recueillie par son piston travailleur.

Mais plus tard, quand j'eus reconnu, d'une part, l'impossibilité d'alimenter une turbine par une telle espèce de soufflerie, et, d'autre part, la possibilité de faire une soufflerie qui marchât d'elle-même, c'est-à-dire avec une certaine dépense de chaleur seulement (et non avec une quantité considérable de force motrice à prélever sur celle de la turbine), pourquoi ai-je continué à parler d'une turbine à air chaud? Parce que je me flattais de l'espoir que ce dont j'avais reconnu la possibilité théorique dans ma Note du 16 mars 1853, à l'aide de cylindres et de pistons ou de refouloirs, deviendrait faisable par d'autres dispositions moins encombrantes que par l'emploi de cylindres et de pistons.

Or c'est précisément dans un tel espoir que j'ai été déçu en ne parvenant à trouver que des combinaisons analogues à celles de MM. Franchot et Lemoine, avec des cylindres et des pistons ou des refouloirs, c'est-à-dire avec des organes dont l'emploi donnait une immense gravité à la question de l'encombrement du mécanisme, tout autant et plus que dans la machine d'Éricsson.

Il me fallait d'ailleurs un certain temps pour coordonner mes idées, et aujourd'hui que ce temps est passé, je reprends la plume pour tâcher d'en finir, s'il m'est possible.

Je reviens donc à la machine à air libre de M. Lemoine; et je dis qu'avec le cylindre à feu de cette machine considéré comme une soufflerie dont la résistance sera presque nulle, on pourra faire fonctionner une turbine à air froid pour obtenir de la force motrice en lieu et place de la force motrice que précédemment il était question de réaliser au moyen du cylindre travailleur de M. Lemoine.

Ce point-là étant établi, il me faudra examiner encore pourquoi l'on emploierait plutôt une turbine à air froid que le cylindre travailleur de M. Lemoine, qui pourra fonctionner sous une pression utile $p - 1$ comprise entre 0 et 1, et même sous une pression utile $p - p_0$ comprise entre 0 et p_0, alors qu'on voudra employer la machine à pression élevée de M. Lemoine, au lieu de sa machine primitive à air libre.

L'emploi d'une turbine n'a jamais été motivé dans mon esprit que par deux raisons :

D'abord par cette règle déduite de mes figures de principe de la théorie dynamique de la chaleur, que l'utilité des toiles métalliques d'Éricsson sera d'autant plus considérable que l'on opérera avec des gaz plus chauds à une moindre différence de pression ;

Ensuite par le désir de pouvoir opérer directement avec les produits gazeux d'un mode de combustion toujours parfait en vase clos et de ne pas perdre de la chaleur par la cheminée.

Ces deux règles ou conditions générales ne pourront manifestement être appliquées ni l'une ni l'autre dans un appareil à cylindres et à pistons ; et, au contraire, rien ne serait plus facile que de les appliquer l'une et l'autre à une turbine à air chaud, si la question d'une puissante soufflerie à air froid peu comprimé ne venait y faire obstacle.

Je me flattais de parvenir à vaincre un tel obstacle, et, maintenant que j'y renonce, il ne me restera plus qu'à faire une simple comparaison entre le cylindre travailleur de M. Lemoine et la turbine à air froid peu comprimé que l'on pourrait mettre en lieu et place de ce cylindre travailleur avec un cylindre à feu supposé donné.

Or je démontrerai tout à l'heure que, pour obtenir le *maximum* de force motrice théoriquement possible avec le cylindre travailleur de M. Lemoine, la pression p de l'air devra être assez élevée, plus élevée du moins qu'avec une turbine, et qu'à une pression aussi élevée, l'encombrement de la machine sera encore très-grand.

Lors donc qu'on voudra employer une turbine en place du cylindre travailleur de M. Lemoine, comme la pression de l'air devra être moindre que dans le cylindre travailleur, et que la quantité de travail théoriquement possible avec une turbine ne saurait être plus grande que celle qu'on obtiendrait avec un piston dans un cylindre, à la même pression p que dans le réservoir alimentaire de la turbine, il s'ensuivra que, sous le rapport du moindre encombrement d'une machine de force donnée, l'avantage appartiendra au cylindre travailleur de M. Lemoine.

Il me reste à faire, en effet, le calcul de la quantité de force motrice théoriquement possible avec le cylindre travailleur de M. Lemoine, et à justifier la conséquence que je viens d'énoncer.

CHAPITRE III.

De la manière de calculer la quantité de force motrice de la machine de M. Lemoine, et de rendre un minimum l'encombrement d'une machine de force donnée.

Je représente par 1 la section et par h la hauteur du cylindre à feu de M. Lemoine. Je suppose le refouloir en bas de sa course, et je considère le volume du cylindre comme étant rempli à cet instant d'air froid à la pression p_0. Je néglige l'espace nuisible formé par les cavités du refouloir entre les toiles métalliques et entre le fond du cylindre, ce qui me permet de représenter le volume de l'air froid à la pression p_0 par $1 \times h$.

Je considère ensuite le refouloir à une hauteur z au-dessus du point le plus bas de sa course, et je suppose qu'à cet instant le cylindre renferme au-dessus de la hauteur z un volume d'air froid égal à $1 \times (h - z)$ à une pression inconnue p, et, au-dessous, un volume d'air chaud égal à $1 \times z$ à la même pression p.

J'imagine que jusque-là le cylindre à feu ait été entièrement clos, en sorte que la masse totale d'air qui s'y trouve n'aura pu changer.

Or la masse d'air froid contenue initialement dans le volume entier $1 \times h$ du cylindre, à la pression p_0, pourra être représentée (d'une manière proportionnelle) par le produit

$$hp_0;$$

et de même la masse d'air froid contenue au-dessus du refouloir sur la hauteur $h - z$, à la pression inconnue p, pourra être représentée par le produit

$$(h - z)\,p.$$

La masse d'air contenue au-dessous du refouloir serait pareillement égale au produit zp si la température de cet air ne se trouvait pas augmentée ; mais si l'on désigne par t la température de l'air froid, et par T la température de l'air chaud, il faudra qu'en vertu de la loi de Mariotte et de Gay-Lussac la masse d'air chaud contenue au-dessous du refouloir soit représentée par le terme

$$pz\frac{1+\alpha t}{1+\alpha T},$$

la lettre α servant à désigner le coefficient de la dilatation thermométrique que M. Regnault a trouvé être égal à $\frac{1}{272}$, quand on se sert du thermomètre ordinaire à échelle centigrade.

Pour plus de commodité, je poserai

$$\frac{1+\alpha t}{1+\alpha T}=m,$$

le nombre m devenant égal à $\frac{1}{2}$ quand on aura

$$t=0, \quad T=272^\circ,$$

et plus petit que $\frac{1}{2}$ quand on aura

$$t=0, \quad T>272^\circ.$$

De cette manière la masse d'air chaud contenue au-dessous du refouloir sera égale au terme

$$mzp,$$

et l'on aura la condition

(1) $$hp_0=(h-z)p+mzp=hp-(1-m)zp,$$

d'où

(2) $$p=\frac{p_0}{1-(1-m)\frac{z}{h}}.$$

Cette formule fera connaître la pression p dans le cylindre à feu pour une hauteur quelconque z du refouloir, tant que le cylindre à feu restera parfaitement clos.

Quand on y fera

$$z=0,$$

on trouvera la pression initiale p_0; puis, quand on y fera

$$z=h,$$

on trouvera

$$p=\frac{p_0}{m};$$

c'est-à-dire

$$p = 2p_0$$

quand on aura

$$m = \frac{1}{2},$$

et

$$p > 2p_0$$

quand on parviendra à réaliser une différence plus considérable entre la température de l'air froid et la température de l'air chaud. Il n'est pas supposable que dans la pratique on doive attribuer au nombre m une valeur sensiblement inférieure à $\frac{1}{2}$.

Je reviens maintenant à la formule (1), et je suppose que le couvercle du cylindre à feu de M. Lemoine soit mis en communication avec un réservoir adjacent au moyen d'une soupape qui pourra ouvrir du cylindre à feu vers le réservoir et pas en sens contraire. Je suppose dans le réservoir une certaine pression p comprise entre p_0 et $\frac{p_0}{m}$.

Alors, en partant de la position la plus basse du refouloir dans le cylindre à feu, la pression augmentera progressivement jusqu'à devenir égale à la pression donnée p du réservoir adjacent, et, à partir de cet instant, la soupape se lèvera pour laisser sortir de l'air froid du cylindre à feu.

La hauteur z du refouloir, à partir de laquelle la soupape se lèvera, sera celle que l'on tirera de l'équation (1) sous la forme

$$(3) \qquad z = h\,\frac{p - p_0}{(1 - m)p},$$

en supposant qu'au deuxième membre de cette formule on mette en place de p la pression donnée du réservoir adjacent.

A partir de cette hauteur z jusqu'au point le plus élevé de la course du refouloir, la pression dans le cylindre à feu sera constamment égale à p, et la masse d'air contenue dans ce cylindre ira en diminuant.

Quand le refouloir se trouvera en haut de sa course, le cylindre à feu renfermera un volume d'air chaud $1 \times h$ à la pression p et dont la masse sera égale au terme

$$mhp.$$

La masse d'air primitivement contenue dans le cylindre à la pression p_0

ayant été égale au produit

$$hp_0,$$

on voit que la masse d'air sortie sera représentée par la différence

$$hp_0 - mhp.$$

En désignant par v le volume de cette masse, supposée froide, à la pression p, il faudra que l'on ait

$$(4) \qquad vp = h(p_0 - mp);$$

d'où

$$(5) \qquad v = h\left(\frac{p_0 - mp}{p}\right).$$

En faisant

$$p = \frac{p_0}{m}$$

dans cette formule, on trouve

$$v = 0.$$

Dans ce cas-là il ne sortira pas d'air du cylindre à feu; puis, quand p ira en diminuant, v ira en augmentant jusqu'à la limite $p = p_0$, à laquelle on trouvera, pour la plus grande valeur possible de v,

$$v = h(1 - m),$$

et quand on supposera

$$m = \frac{1}{2},$$

ce maximum sera

$$v = \frac{1}{2}h.$$

Ainsi, quand on envisagera le cylindre à feu de M. Lemoine comme une machine soufflante, et que la puissance de la soufflerie ne devra être mesurée que par le volume d'air évacué indépendamment de la pression, on ne parviendra à en faire sortir que la moitié de la capacité du cylindre pendant une double excursion du refouloir.

Ce sera le quart de ce qu'on obtiendrait avec un cylindre soufflant à double effet de mêmes dimensions.

Mais, en général, la puissance d'une soufflerie doit être mesurée par la quantité de travail qui a servi à comprimer de l'air, ou, ce qui revient au même, par la quantité de travail que l'air peut rendre en se dilatant; et ici l'on se trouve précisément dans ce cas-là, puisqu'il s'agira de trouver la quantité de force motrice théoriquement possible dans le cylindre travailleur de M. Lemoine.

Quand on ne tiendra à recueillir que la quantité de force motrice directe, ainsi que le propose M. Lemoine dans sa brochure, la formule (5) fera connaître à l'instant la capacité qu'on devra donner au cylindre travailleur pour une valeur quelconque de p comprise entre la limite inférieure $p = p_0$, et la limite supérieure $p = \frac{p_0}{m}$. Les limites correspondantes de v, c'est-à-dire de la capacité du cylindre travailleur supposé à simple effet, seront

$$v = h(1 - m), \quad v = 0.$$

Mais, à chacune de ces deux limites, la quantité de travail produite sera nulle. Car la force mouvante sur le piston du cylindre travailleur sera $p - p_0$, et quand on multipliera cette différence de pression, d'une part par la section du piston, d'autre part par le chemin décrit par le piston pendant une double excursion du refouloir, on trouvera la quantité

$$(6) \qquad v(p - p_0) = h\frac{(p_0 - mp)(p - p_0)}{p},$$

qui se réduira à zéro quand l'un ou l'autre facteur du numérateur sera égal à zéro.

En effectuant les opérations indiquées, on trouvera

$$(6\ bis) \qquad v(p - p_0) = h\left((1 + m)p_0 - mp - \frac{p_0^2}{p}\right),$$

et pour que cette quantité devienne un maximum, il faudra que sa différentielle par rapport à p soit égale à zéro, ce qui fera trouver

$$0 = -m + \frac{p_0^2}{p^2},$$

d'où

$$(7) \qquad p = \frac{p_0}{\sqrt{m}}.$$

On aura ensuite pour la valeur correspondante de v,

$$v = h(\sqrt{m} - m),$$

et pour la quantité de travail produite,

$$v(p - p_0) = hp_0(1 - \sqrt{m})^2.$$

Quand on supposera

$$m = \frac{1}{2}, \quad \sqrt{m} = 0,71,$$

on trouvera, pour la disposition la moins encombrante à force donnée,

$$p = \frac{p_0}{0,71} = 1,41\, p_0,$$

$$p - p_0 = 0,41\, p_0,$$

$$v = 0,21\, h,$$

$$v(p - p_0) = 0,085\, hp_0,$$

et quand le cylindre travailleur devra fonctionner à double effet, sa capacité ne devra être que

$$\frac{1}{2} v = 0,105\, h,$$

c'est-à-dire la dixième partie seulement du volume du cylindre à feu.

Ce rapport ne changera pas quand on passera de la machine à air libre à la machine à pression élevée, mais la différence $p - p_0$ augmentera proportionnellement à p_0.

Dans la machine à air libre, la force mouvante sur le piston sera de 41 centièmes d'atmosphère, c'est-à-dire les $\frac{2}{3}$ environ de la force mouvante des anciennes machines de Watt et le $\frac{1}{3}$ seulement de celle des machines marines modernes alimentées par des chaudières tubulaires.

Ainsi, en supposant que la transmission de chaleur à travers le fond du cylindre à feu se fasse assez rapidement pour que la vitesse du piston travailleur à double effet de M. Lemoine puisse être égale à la vitesse du piston d'une machine à vapeur, il faudra que la section du cylindre travailleur soit une fois et demie à trois fois aussi grande que celle du cylindre à vapeur, et que le volume du cylindre à feu devienne égal à quinze ou trente fois la capacité du cylindre à vapeur, sans parler de la perte qu'on subira par les espaces nuisibles de la machine restés en dehors de mes calculs. Il sera nécessaire enfin que l'on parvienne à loger le réservoir à air du cylindre à feu.

On n'obtiendra des résultats aussi désavantageux qu'avec la machine primitive ou à air libre de M. Lemoine, car, quand on fera augmenter p_0 jusqu'à $1\frac{1}{2}$ atmosphère et au plus jusqu'à 3 dans la machine à deux réservoirs, le cylindre travailleur de M. Lemoine ne devra pas être plus grand que celui d'une machine à vapeur, et le volume du cylindre à feu devra être dix fois aussi grand, peut-être douze à quinze fois, quand on aura égard aux espaces nuisibles de la machine, dans le cylindre à feu comme dans le cylindre travailleur. Il sera nécessaire enfin que l'on parvienne à loger deux réservoirs à air au lieu d'un, et de plus une pompe alimentaire destinée à remplacer les pertes qu'on éprouvera par des joints non hermétiquement clos.

En faisant

$$p_0 = 4,$$

on devrait avoir

$$p = 1,41 \times 4 = 5,64, \quad p - p_0 = 1,64;$$

mais l'expérience seule pourra faire savoir si l'on parviendra à faire passer de la chaleur en assez grande abondance à travers le fond du cylindre à feu pour qu'à une pression p_0 de 2 à 3 ou 4 atmosphères, la vitesse du piston travailleur puisse être augmentée jusqu'à $1^m,20$, sinon jusqu'à $1^m,50$ par seconde.

M. Lemoine n'ayant pas voulu utiliser la force expansive de l'air, j'ai fait tous mes calculs à son point de vue, mais il est facile de les modifier.

La formule (4) ne cessera pas de représenter la masse d'air envoyée du cylindre à feu dans le réservoir adjacent à la pression p, et, par suite, la formule (5) représentera le volume de cette masse. Ce sera le volume qui devra être déplacé par le piston du cylindre travailleur pendant la durée de l'introduction de l'air et pendant une double excursion du refouloir en ne supposant pas d'espaces nuisibles.

Le volume V du cylindre travailleur devra être plus grand que v, et dans le cas où l'on voudra utiliser la totalité de la force expansive de l'air à partir de la pression p du premier réservoir, jusqu'à la pression p_0 du second réservoir, on trouvera, d'après la loi de Mariotte,

$$(8) \qquad \mathrm{V} p_0 = v p,$$

d'où

$$\mathrm{V} = \frac{vp}{p_0},$$

et, au moyen de la formule (4),

$$(9) \qquad \mathrm{V} = h \frac{p_0 - mp}{p_0}.$$

Ce sera l'expression approchée un peu trop grande du volume de l'air complétement dilaté, et, par suite, ce sera la limite supérieure de la capacité du cylindre travailleur.

Le volume V du cylindre travailleur étant supposé donné arbitrairement entre les deux limites représentées par les formules (5) et (9), on aura pour l'expression de la quantité de travail produite,

$$(10) \qquad T = vp + \int_v^V p'\,dv' - Vp_0,$$

et, d'après la loi de Mariotte supposée applicable à la courbe de détente, les quantités v', p' devront satisfaire à la condition

$$v'p' = \text{const.} = vp,$$

d'où

$$p' = \frac{vp}{v'};$$

au moyen de quoi la formule (10) se réduira à

$$(10\ bis) \qquad T = vp + vp \log \text{hyp.} \frac{V}{v} - Vp_0.$$

Puis, dans le cas où l'on poussera la détente jusqu'à la limite V des formules (8) et (9), le premier et le dernier terme se détruiront, et l'on trouvera l'expression plus simple

$$(10\ ter) \qquad T = vp \log \text{hyp.} \frac{V}{v}.$$

On aura en même temps, d'après la formule (8),

$$\frac{V}{v} = \frac{p}{p_0},$$

et enfin, en recourant encore à la formule (4), on trouvera

$$(10\ quater) \qquad T = h(p_0 - mp) \log \text{hyp.} \frac{p}{p_0}.$$

Cette même quantité devra être égale au produit $V\Pi$, quand on désignera par Π la pression moyenne sur le piston pendant toute la course, et de cette remarque on conclura

$$(11) \qquad \Pi = \frac{T}{V} = p_0 \log \text{hyp.} \frac{p}{p_0}.$$

Si l'on convient de poser

$$(12) \qquad p = p_0 x,$$

la lettre x devant servir à désigner un nombre compris entre $x = 1$ et $x = \frac{1}{m}$, c'est-à-dire entre 1 et 2 pratiquement, on aura, en place de la formule (10 *quater*),

$$(13) \qquad T = hp_0(1 - mx) \log \text{hyp.}\, x,$$

et, en place des formules (5), (8), (9), (11),

$$(14)\quad \begin{cases} v = h\dfrac{1-mx}{x}, \\ V = h(1-x), \\ \dfrac{v}{V} = \dfrac{1}{x}, \\ \Pi = p_0 \log \text{hyp.}\, x. \end{cases}$$

La valeur la plus avantageuse de x sera celle qui rendra un maximum le second membre de l'équation (13), et, quand on égalera à zéro la différentielle de cette équation par rapport à x, on trouvera la condition

$$0 = -m \log \text{hyp}\, x + \frac{1-mx}{x},$$

c'est-à-dire

$$(15)\quad \log \text{hyp.}\, x = \frac{1-mx}{mx}.$$

C'est une équation transcendante non résoluble par rapport à x, mais à laquelle il sera très-facile de satisfaire par voie de tâtonnement quand le nombre m sera donné.

En supposant que l'on soit parvenu à trouver la valeur de x qui satisfera à l'équation (15), la formule (13) et la dernière des formules (14) se réduiront à

$$(16)\quad \begin{cases} T = hp_0 \dfrac{(1-mx)^2}{mx}, \\ \Pi = p_0 \dfrac{1-mx}{mx}. \end{cases}$$

Pour trouver la valeur de x qui satisfera à l'équation (15), j'observe d'abord que l'on aura

$$\log \text{hyp.}\, x = 2{,}3026 \log \text{ord.}\, x;$$

puis, en supposant

$$m = \frac{1}{2},$$

la difficulté sera de satisfaire à l'équation

$$2{,}3026 \log \text{ord.}\, x - \frac{2}{x} + 1 = 0.$$

J'essaye d'abord

$$x = 1{,}45,$$

par suite,

$$\frac{2}{x} = 1,3793, \quad \log x = 0,16137,$$

et je trouve que le premier membre se réduit à

$$0,3716 - 0,3793 = -0,0073.$$

J'essaye ensuite

$$x = 1,46,$$

par suite,

$$\frac{2}{x} = 1,3730, \quad \log x = 0,16435,$$

et je trouve que le premier membre se réduit à

$$0,3784 - 0,3730 = +0,0054.$$

Les résultats de ces deux substitutions étant de signes contraires, il s'ensuit que la valeur cherchée de x tombera entre 1,45 et 1,46; puis, quand on partagera la différence de ces nombres dans la proportion de 73 à 54, on trouvera pour x la valeur très-approchée

$$x = 1,456.$$

Je me bornerai à supposer

$$x = 1,46, \quad mx = \frac{1}{2}x = 0,73, \quad 1 - mx = 0,27 :$$

ce qui me fera trouver

$$\begin{aligned} p &= 1,46\,p_0, \\ p - p_0 &= 0,46\,p_0, \\ v &= 0,18\,h, \\ V &= 0,27\,h, \\ \frac{v}{V} &= 0,68, \\ \Pi &= 0,37\,p_0, \\ T &= 0,115\,hp_0. \end{aligned}$$

Ainsi, quand le cylindre travailleur devra fonctionner à double effet, sa capacité devra être

$$\frac{1}{2}V = 0,135\,h,$$

c'est-à-dire pratiquement (à cause des espaces nuisibles) les 10 ou 12 centièmes de la capacité du cylindre à feu, quelle que soit la pression p_0.

La fraction de course d'introduction devra être théoriquement 0,68, et pratiquement 0,70 à 0,75.

La pression moyenne Π sur le piston diminuera dans la proportion de 41 à 37 par rapport à mes précédents calculs où je négligeais la force expansive de l'air, et la quantité de force motrice augmentera dans le rapport de 85 à 115.

La pression dans le premier réservoir devra être de 46 centièmes d'atmosphère quand on fera $p_0 = 1$; et comme une turbine ne saurait guère fonctionner d'une manière théoriquement avantageuse que sous une pression de 2 à 3 dixièmes d'atmosphère, on voit que la conclusion que j'ai énoncée à ce sujet, à la fin du précédent chapitre, se trouvera pleinement justifiée.

De l'ensemble de ces calculs, il résulte que la machine à air chaud de M. Lemoine, si satisfaisante sous différents rapports, et notamment en ce qui concerne le fonctionnement à froid du piston du cylindre travailleur, ainsi que du tiroir et de toutes les soupapes de la machine, sera malheureusement bien encombrante.

CHAPITRE IV.

Comparaison de la machine de M. Lemoine avec celle d'Éricsson.

La machine de M. Lemoine a un avantage capital sur celle d'Ericsson, en ce que le piston du cylindre travailleur et toutes les soupapes y fonctionnent à froid, tandis que dans la machine d'Ericsson le piston travailleur au moins fonctionne à chaud.

L'emploi des toiles métalliques offre une particularité plus satisfaisante dans la machine d'Ericsson, en ce que la totalité de l'air chaud s'y trouve remplacée par de nouvel air froid à chaque coup de piston, ce qui n'exige pas l'emploi des dispositions réfrigérantes auxquelles a dû avoir recours M. Lemoine dans son cylindre à feu, où une partie seulement de l'air employé pourra être renouvelée par de l'air frais à chaque coup de refouloir.

A cela près, l'espace nuisible qui proviendra de l'emploi des toiles métalliques se trouvera réduit à sa moindre valeur imaginable par la disposition de M. Lemoine.

Malheureusement, d'après ce qu'on a vu au chapitre précédent, la machine de M. Lemoine sera d'un encombrement excessif, tout autant et plus peut-être que la machine d'Ericsson.

C'est, en effet, ce que je me propose de faire voir dans le présent chapitre, en m'attachant à faire une comparaison mathématiquement exacte entre les deux machines, à l'aide d'une figure sur laquelle je vais représenter d'abord la théorie abstraite de la machine d'Éricsson, puis celle de la machine de M. Lemoine.

Soient Ov (*fig.* 1) l'axe des volumes, et Op l'axe des pressions d'une masse d'air sur laquelle on voudra opérer.

Dans la machine d'Éricsson, le cylindre alimentaire aura pour objet d'aspirer un volume d'air froid OA à la pression atmosphérique représentée par les hauteurs égales OP, AB.

Pendant une telle aspiration d'air froid, le piston du cylindre alimentaire recevra une quantité de travail moteur égale à l'aire du rectangle OABP.

Puis le piston du cylindre alimentaire reviendra de A en O et comprimera la masse d'air emprisonnée, de manière à en faire augmenter la pression le long d'une certaine courbe indéfinie BB', laquelle, en vertu de la loi de Mariotte, serait une hyperbole équilatère, c'est-à-dire une courbe de l'espèce $vp =$ const., si l'air n'avait pas la propriété de s'échauffer quelque peu par l'acte même de sa compression.

Par suite d'un tel échauffement, les abscisses de la courbe BB' ne diminueront pas autant que celles d'une courbe de l'espèce $vp =$ const. pendant que la pression ira en augmentant de B en B', à moins que l'on ne se serve de quelque disposition réfrigérante assez énergique pour empêcher la température de l'air d'augmenter pendant la durée de la compression.

De toute manière, quand le volume v et la pression correspondante p de l'air seront devenus égaux aux coordonnées d'un point B' de la courbe indéfinie BB', le piston du cylindre alimentaire aura dépensé une quantité de travail égale à l'aire ABB'A'.

Puis, si l'on suppose qu'à partir du point B' la pression dans le cylindre alimentaire soit devenue égale à celle qui régnera dans un réservoir adjacent, et qu'une soupape puisse s'ouvrir vers ce réservoir, il est clair que la pression n'augmentera plus sous le piston du cylindre alimentaire, et que toute la quantité d'air qui s'y trouvera finira par être expulsée et transportée dans le réservoir : ce qui nécessitera une dépense de travail égale à l'aire A'B'P'O.

Ainsi le piston du cylindre alimentaire dépensera une quantité de travail égale à l'aire OABB'P', de laquelle il faudra retrancher la quantité de travail moteur représentée par l'aire du rectangle OABP : ce qui laissera subsister une dépense réelle égale à l'aire PBB'P'.

Je ne parle pas, dans ce raisonnement, de la pression atmosphérique sur la face opposée du piston, parce qu'il en proviendra autant de travail moteur pendant l'une des excursions du piston que de travail résistant pendant l'autre : ce qui donnera une différence égale à zéro.

En résumé, le piston du cylindre alimentaire d'Ericsson dépensera une quantité de travail égale à l'aire PBB'P', et cette quantité de travail dépensée servira à faire entrer dans le réservoir adjacent un volume d'air froid ou plutôt d'air tiède égal à P'B', sous une pression OP', que je supposerai être de 2 atmosphères.

Pendant le même intervalle de temps, un volume d'air égal à celui-là, sous la même pression OP', sortira du réservoir et pénétrera dans le cylindre travailleur; mais au passage cette autre quantité d'air rencontrera d'abord les toiles métalliques, puis une certaine quantité de chaleur supplémentaire qui viendra du fond du cylindre, de manière que le volume de l'air augmentera, du simple au double par exemple, et que, par suite, il entrera dans le cylindre travailleur un volume P'C' double de P'B' : ce qui produira une quantité de travail moteur égale à l'aire du rectangle OP'C'A double du rectangle OP'B'A'.

A partir du point C' on ne laissera plus entrer d'air dans le cylindre travailleur, mais on continuera à laisser marcher le piston, afin de laisser dilater l'air qui s'y trouve et d'en recueillir toute la force expansive.

Le volume v et la pression p de l'air varieront alors le long d'une certaine courbe indéfinie C'C, qui sera de l'espèce $vp =$ const. quand la température de l'air ne changera pas, et qui s'écartera de la courbe $vp =$ const., dans un sens ou dans l'autre, selon que la température de l'air ira en augmentant ou en diminuant pendant la marche du piston.

Par le seul fait d'une augmentation du volume, la température de l'air éprouvera une certaine diminution, et par la quantité de chaleur qui viendra du fond du cylindre la température de l'air éprouvera une certaine augmentation. L'effet produit sera le résultat de ces deux causes contraires, et l'on ne peut pas dire, en général, laquelle de ces deux causes sera la plus considérable. Pour fixer les idées, je supposerai que chacune des deux courbes BB', C'C est de l'espèce $vp =$ const., et avec les hypothèses déjà faites d'une pression OP' double de OP, ainsi que d'un volume P'C' double de P'B', il est clair que les points B, C' correspondront à une même abscisse OA, et que la longueur PC sera double de PB.

De toute manière, quand le piston travailleur aura fait un chemin égal à PC, on sera parvenu à recueillir encore une quantité de force motrice égale

4

à l'aire AC′CD. Mais à partir du point C il faudra que le piston travailleur revienne et chasse au dehors la quantité d'air employée : ce qui nécessitera une dépense de travail égale à l'aire du rectangle DCPO et ne laissera subsister qu'une différence égale à l'aire PCC′P′.

Ce sera pendant la sortie du volume d'air chaud PC que les toiles métalliques feront leur effet en dépouillant l'air chaud sortant, qui passera à travers leurs mailles, de la plus grande partie possible de sa chaleur, pour réemployer ensuite la chaleur ainsi recueillie à échauffer de l'air froid qui reviendra du réservoir à air en sens contraire, au coup de piston suivant, etc.

Mais ce n'est pas l'effet connu des toiles métalliques qu'il s'agit de faire comprendre ici. J'ai voulu faire voir seulement avec une entière clarté que le cylindre travailleur d'Ericsson recueillera une quantité de force motrice représentée par l'aire PCC′P′ sur ma figure, tandis que le cylindre alimentaire dépensera une quantité de force motrice égale à l'aire PBB′P′ : ce qui ne laissera subsister comme bénéfice dans la machine que l'aire BB′C′C qui, d'après les hypothèses faites précédemment, sera égale à l'aire PBB′P′ et ne fera que la moitié de l'aire PCC′P′ du cylindre travailleur.

La courbe CC′ étant supposée de l'espèce

$$vp = \text{const. } a,$$

si l'on désigne par V, P les coordonnées du point C, et par V′, P′ celles du point C′, on aura pour l'expression de l'aire PCC′P′,

$$(\text{A}) \qquad \text{T} = \int_{\text{P}}^{\text{P}'} v\,dp = a\int_{\text{P}}^{\text{P}'} \frac{dp}{p} = a \log \text{hyp.} \frac{\text{P}'}{\text{P}} = \text{VP} \log \text{hyp.} \frac{\text{P}'}{\text{P}};$$

puis, en représentant par Π la hauteur moyenne du diagramme, c'est-à-dire la hauteur d'un rectangle construit sur la longueur PC ou V comme base et dont la surface devra être égale à T, on trouvera

$$(\text{B}) \qquad \Pi = \text{P} \log \text{hyp.} \frac{\text{P}'}{\text{P}},$$

ou, ce qui reviendra au même,

$$(\text{B}') \qquad \Pi = 2{,}3026\ \text{P} \log \text{ord.} \frac{\text{P}'}{\text{P}}.$$

En faisant enfin

$$\text{P} = 1, \quad \text{P}' = 2,$$

on aura, pour le cas supposé de la machine d'Ericsson,

$$(\text{B}'') \qquad \Pi = 2{,}3026 \times 0{,}30103 = 0{,}69,$$

et cette formule sera applicable à l'aire PCC′P′ comme à l'aire PBB′P′ sur la *fig.* 1.

Ainsi la hauteur moyenne des diagrammes, dans chacun des deux cylindres d'Ericsson, ne dépassera guère celles des anciennes machines à vapeur de Watt.

Mais pour que la machine d'Ericsson fasse obtenir une force égale à celle d'un cylindre de Watt dont la section sera supposée représentée par 1, il faudra qu'on dispose à la fois un cylindre alimentaire d'une section égale à 1, et un cylindre travailleur d'une section égale à 2 : ce qui fera une somme de cylindres que je représenterai par 3 ; puis, comme le cylindre de Watt est à double effet, il faudra que, pour une force égale, avec des cylindres à simple effet d'Ericsson, on prenne le double de 3, c'est-à-dire 6 ; et enfin, quand on voudra obtenir une force égale à celle des machines marines modernes, alimentées par des chaudières tubulaires, il faudra qu'on prenne encore une fois le double : ce qui fera trouver une valeur d'encombrement égale à 12.

Une telle manière de supputer les choses serait assez exacte, s'il n'y avait pas à tenir compte des frottements des pistons et autres parties du mécanisme.

Soit φ la quantité à défalquer de la pression moyenne Π, d'une machine à vapeur à double effet de Watt, pour tenir lieu des frottements du piston et de quelques-unes des parties les plus voisines du mécanisme, alors que la section du cylindre sera représentée par 1.

La quantité de force restante sera $\Pi - \varphi$.

En envisageant les choses au même point de vue dans la machine d'Ericsson supposée à simple effet, il faudra que le piston du cylindre alimentaire dépense une quantité de travail égale à $\Pi + 2\varphi$.

Le piston du cylindre travailleur devant avoir une section double de celle du cylindre alimentaire, on devra compter approximativement pour la quantité de force obtenue $2(\Pi - 2\varphi)$.

Puis, quand on en retranchera la somme $\Pi + 2\varphi$ dépensée par le cylindre alimentaire, il restera comme bénéfice de la machine la quantité $\Pi - 6\varphi$, dont le rapport au bénéfice correspondant de la machine de Watt, au lieu d'être égal à 1 comme tout à l'heure où je supposais $\varphi = 0$, se trouvera représenté par l'expression

$$\frac{\Pi - 6\varphi}{\Pi - \varphi},$$

qui se réduira approximativement à

$$1 - \frac{5\varphi}{\Pi}$$

quand on y considérera le rapport de φ à Π comme un nombre très-petit.

Ainsi, par exemple, s'il était reconnu par expérience qu'en prenant la pression de l'atmosphère pour unité, la somme des frottements du piston et de quelques-unes des parties les plus voisines du mécanisme dût être estimée à 0,04 dans une machine à double effet de Watt, on devrait, pour des pistons de même nature dans la machine à air chaud à simple effet d'Ericsson, faire une défalcation de 0,24 : ce qui, au lieu de la force théorique $\Pi = 0,69$, ne laisserait plus subsister que la force pratique

$$\Pi' = 0,69 - 0,24 = 0,45,$$

alors que dans la machine à double effet de Watt on ne descendrait que de $\Pi = 0,69$ à $\Pi' = 0,69 - 0,04 = 0,65$.

Dans la machine à vapeur à double effet de Watt, la perte due aux frottements serait de

$$\frac{4}{69} = 0,06,$$

et dans la machine à air chaud à simple effet d'Ericsson, la perte due aux mêmes espèces de frottement serait de

$$\frac{24}{69} = 0,36.$$

Le rapport des forces, au lieu d'être égal à 1 pour une même valeur de Π dans l'une et l'autre machine, ne serait plus que de

$$1 - 5 \times 0,06 = 1 - 0,30 = 0,70,$$

ce qui obligerait d'augmenter encore davantage la grandeur d'une machine de force donnée (dans la proportion de 70 à 100 à peu près).

La fâcheuse importance des frottements des pistons deviendrait encore plus considérable, si l'on voulait faire la machine d'Ericsson d'une force égale à celle d'une machine marine à double effet, alimentée par des chaudières tubulaires.

Il est d'ailleurs sous-entendu, dans les raisonnements que je viens de faire, que la vitesse des pistons sera la même de part et d'autre, c'est-à-dire que dans la machine d'Ericsson il sera possible de faire passer assez de chaleur à travers le fond du cylindre travailleur, pour que le piston de ce cylindre puisse fonctionner à une vitesse de $1^m,20$, sinon de $1^m,50$ par seconde.

On dit que la nouvelle machine d'Ericsson sera disposée à double effet. Si cela est vrai, il en résultera que l'expression

$$\frac{\Pi - 6\varphi}{\Pi - \varphi},$$

devra être remplacée par

$$\frac{\Pi - 3\varphi}{\Pi - \varphi},$$

et que le volume de la machine deviendra deux fois moindre ; mais, d'après les explications dans lesquelles je suis entré, le système entier ne cessera pas d'être encore bien encombrant.

Le cylindre travailleur de M. Lemoine ne donnera prise à aucune de ces fâcheuses remarques. Il fonctionnera, non-seulement à froid, mais à double effet comme le cylindre d'une machine à vapeur, et toute la force motrice qu'il donnera servira utilement, de la même manière que dans un cylindre à vapeur à double effet.

La pression moyenne sera

$$\Pi = 0,37\, p_0 :$$

ce qui obligera de multiplier par deux ou trois seulement la section du cylindre quand on voudra faire usage de la machine primitive ou à air libre de M. Lemoine, et ce qui permettra d'obtenir une force égale à celle d'une machine à vapeur à double effet avec un cylindre de même diamètre quand on fera augmenter p_0 jusqu'à 2 ou 3 atmosphères dans la machine à pression élevée à deux réservoirs de M. Lemoine. Pourvu toutefois que l'on réussisse à faire passer de la chaleur en assez grande abondance à travers le fond du cylindre à feu pour que la vitesse du piston travailleur puisse être augmentée jusqu'à $1^m,20$, sinon jusqu'à $1^m,50$ par seconde.

De toute manière, le cylindre travailleur de M. Lemoine sera grandement préférable aux deux cylindres d'Ericsson ; mais comme le cylindre à feu de M. Lemoine devra être dix fois, et pratiquement peut-être douze à quinze fois aussi grand que le cylindre travailleur, conformément à ce qui a été démontré au chapitre précédent, il s'ensuit que finalement la machine de M. Lemoine sera tout aussi encombrante que celle d'Ericsson, et peut-être même plus encore.

S'il est vrai que la nouvelle machine d'Ericsson doive être disposée à double effet, on pourra dire hardiment que la machine de M. Lemoine sera au moins deux fois aussi encombrante que l'autre.

Je pourrais, à la rigueur, ne pas aller plus loin dans l'examen comparatif que je me suis proposé de faire entre la machine de M. Lemoine et celle d'Ericsson.

Mais les conséquences que je suis parvenu à établir deviendront encore plus claires si je poursuis en complétant ma *fig.* 1, de manière à y représenter aussi la théorie abstraite de la machine de M. Lemoine.

Je réussirai surtout de cette manière à me préparer d'excellents jalons pour la suite de ce Mémoire, ainsi qu'on le verra.

Je me place donc maintenant à un autre point de vue de la question, en imaginant que le cylindre à feu de M. Lemoine doive avoir une capacité représentée par la longueur OA de la *fig.* 1, sauf à prendre pour le cylindre travailleur, supposé à double effet, une capacité dix fois plus petite que OA.

Je porte toute mon attention sur le cylindre à feu de M. Lemoine, et j'y conçois le refouloir au point le plus bas de sa course. A cet instant, le cylindre se trouvera plein d'air froid à la pression p_0.

Le volume de l'air sera représenté par la longueur OA sur la *fig.* 1, et la hauteur AB me servira à représenter la pression p_0.

Le cylindre à feu étant supposé complétement fermé, je pousse le refouloir de bas en haut, ce qui fera monter la pression de B en C' sous le volume constant OA. En faisant descendre ensuite le refouloir, la pression reviendra de C' en B, et il me sera loisible de recommencer la même opération autant de fois que je voudrai, pourvu que le réfrigérant de M. Lemoine soit assez efficace pour empêcher toute élévation de température dans le haut du cylindre.

Ainsi, par cela seul que je pousserai le refouloir de bas en haut ou de haut en bas, je ferai varier alternativement la pression de l'air de AB à AC' sur la *fig.* 1.

Mais une telle manœuvre du refouloir ne me procurera aucune quantité de travail. Pour que j'obtienne du travail ou de la force motrice, il faudra qu'à partir d'une certaine pression p, représentée par AF sur la *fig.* 1, j'ouvre une communication entre le cylindre à feu et un réservoir adjacent dans lequel se trouvera déjà de l'air comprimé à la pression p, de manière que pendant la montée ultérieure du refouloir jusqu'au haut de sa course un certain volume d'air froid v, à la pression p, puisse être évacué du cylindre à feu dans le réservoir adjacent.

Le volume d'air v, ainsi recueilli par le réservoir à la pression p, sortira ensuite de ce réservoir pour agir sous le piston travailleur, de manière à me faire obtenir la quantité de force motrice dont il sera capable.

Tel est le mode de fonctionnement connu de la machine de M. Lemoine, dont je suis parvenu à faire le calcul au chapitre précédent. Il s'agira donc maintenant de représenter graphiquement sur la *fig.* 1 les résultats de mes calculs, et tout particulièrement le volume v des formules (4) et (5).

Ce volume v pourra être marqué sur l'horizontale FG, à partir du point F; puis, quand je ferai la même construction pour d'autres valeurs de p, j'obtiendrai un certain lieu géométrique, c'est-à-dire une certaine courbe qui passera au point C', et dont les abscisses, par rapport à la perpendiculaire AC', considérée comme l'axe des ordonnées p, représenteront les volumes d'air v, évacués du cylindre à feu pour chacune des pressions p, que l'on voudra supposer dans le réservoir à air comprimé, entre les limites connues

$$p = p_0 = \overline{AB}, \quad p = \frac{p_0}{m} = \overline{AC'},$$

des formules (1), (2), (3) du chapitre précédent.

L'équation d'une telle courbe en v, p, par rapport au point A de la *fig.* 1, comme origine, sera la formule (4) du chapitre précédent, et, par conséquent, on aura

$$\text{(C)} \qquad vp = h(p_0 - mp) = hp_0 - mhp,$$

ou, ce qui reviendra au même,

$$\text{(C')} \qquad (v + mh)p = hp_0.$$

La formule (C') étant l'équation de la courbe cherchée, par rapport aux deux perpendiculaires Av, AC', comme axes des deux variables v, p de la courbe, il sera facile de trouver l'équation de la même courbe par rapport à d'autres axes.

Je suppose donc que l'on veuille transporter l'axe des p parallèlement à lui-même de A vers O à une distance égale au produit mh, et que l'on désigne par v' les nouvelles abscisses de la courbe; alors on aura

$$v = -hm + v' \quad \text{ou} \quad v + mh = v',$$

et l'équation (C') se transformera en

$$\text{(C'')} \qquad v'p = hp_0.$$

Ainsi la courbe cherchée sera une hyperbole équilatère, ayant pour asymptotes, d'une part l'axe Ov, et d'autre part une perpendiculaire à l'axe Ov à une distance mh de A vers O.

Mais, d'après les conventions faites, la lettre h des formules représentera la longueur OA de la *fig.* 1, et la valeur pratique du nombre m pourra être supposée égale à $\frac{1}{2}$, ce qui fera trouver

$$mh = \frac{1}{2} h = \frac{1}{2} \overline{OA}:$$

et comme le point A′ a déjà été remarqué sur la *fig.* 1 au milieu de l'intervalle OA, il s'ensuit que la courbe hyperbolique en question aura pour asymptotes les deux perpendiculaires A′v, A′B′ de la *fig.* 1.

Cette courbe passera par le point C′; car, quand on fera

$$v' = mh = \frac{1}{2} h$$

dans l'équation (C″), on trouvera

$$p = \frac{p_0}{m} = 2 p_0,$$

ce qui est la hauteur connue du point C′.

Quand on fera $p = p_0$ dans l'équation (C″), on trouvera $v' = h$ pour la longueur de l'abscisse A′L du point E où la courbe rencontrera l'horizontale PC.

Il s'ensuit que la distance BE se trouvera représentée par la différence $h - mh$ qui, pour $m = \frac{1}{2}$, se réduira à $\frac{1}{2} h$; et comme la longueur BC sera égale à PB ou OA, il arrivera que le point E tombera au milieu de la longueur BC.

Or, une fois que la courbe EC′ se trouvera marquée sur la *fig.* 1, toutes les opérations de calcul auxquelles je me suis livré au chapitre précédent acquerront des significations très-simples.

Ainsi M. Lemoine se proposait de réaliser la quantité de force motrice directe seulement de l'air comprimé, ou le produit $v(p - p_0)$,

Ce produit ou cette quantité de force motrice se trouvera représentée par l'aire du rectangle BFMI sur la *fig.* 1.

Le problème du rendement maximum de la machine, à ce point de vue, consistera à trouver le plus grand de tous les rectangles BFMI, dont le sommet M tombera sur l'arc de courbe EC′.

J'ai démontré que cela aura lieu pour les valeurs particulières

$$p = 1{,}41\, p_0, \quad v = 0{,}21\, h,$$

ce qui me faisait trouver pour l'aire du plus grand rectangle,

$$v(p - p_0) = 0{,}09\, hp_0.$$

Quand on voudra recueillir, en outre, toute la force expansive de l'air comprimé, il faudra que, par le point M de chacun de ces rectangles, on mène une hyperbole équilatère, c'est-à-dire une courbe de l'espèce

$$vp = \text{const.},$$

par rapport aux perpendiculaires Av, AC′ comme asymptotes de la courbe ; il s'agira ensuite de trouver la plus grande des aires BFMK.

J'ai démontré, au chapitre précédent, que cela aura lieu pour les valeurs particulières

$$p = 1,46\, p_0,$$
$$v = 0,27\, h,$$

ce qui me faisait trouver, pour l'aire correspondante BFMK,

$$\text{(D)} \qquad T = 0,115\, hp_0.$$

Ainsi, en faisant le cylindre à feu de M. Lemoine d'une capacité égale à celle du cylindre alimentaire de la machine d'Ericsson, de manière à opérer avec une égale quantité d'air dans l'une et l'autre machine, la quantité de force motrice théoriquement possible dans la machine de M. Lemoine sera égale à l'aire BFMK de la *fig.* 1, tandis qu'avec les deux cylindres d'Ericsson, la quantité de force motrice théoriquement possible sera égale à l'aire BB′C′C.

La grandeur maximum de l'aire BFMK sera représentée par la formule (D), et en recourant aux équations (A), (B), (B′), (B″) du premier chapitre, je n'aurai qu'à y faire

$$P = p_0,$$
$$P' = \frac{p_0}{m} = 2p_0,$$

pour trouver l'expression correspondante de l'aire BB′C′C sous la forme

$$\text{(E)} \quad T = h\Pi = hp_0 \log \text{hyp. } 2 = hp_0 \times 2,3026 \log \text{ord. } 2 = 0,69\, hp_0.$$

Donc le diagramme théorique le plus avantageux possible de la machine de M. Lemoine ne sera que la sixième partie du diagramme théorique des deux cylindres d'Ericsson.

La somme des capacités des deux cylindres d'Ericsson sera égale à trois fois le volume du cylindre alimentaire, et, pour que la machine de M. Lemoine produise une quantité de force motrice égale, il faudra que la capacité du cylindre à feu de M. Lemoine soit égale à six fois le volume du cylindre alimentaire d'Ericsson.

Donc enfin, en tenant compte encore de la capacité du cylindre travailleur, l'encombrement de la machine de M. Lemoine sera plus que double de celle d'Ericsson.

Cet énoncé serait théoriquement exact pour la machine à air libre comme pour la machine à pression élevée de M. Lemoine, si Ericsson aussi avait songé à faire fonctionner sa machine à pression élevée à l'aide d'un deuxième réservoir servant à constituer une atmosphère artificielle comme dans la machine de M. Lemoine.

Mais comme la machine d'Ericsson a été regardée jusqu'ici comme devant fonctionner à air libre, et que la machine de M. Lemoine seulement a été supposée devoir fonctionner à une pression élevée, de manière à pouvoir être rendue par là deux à trois fois moins encombrante, on voit très-clairement dans quelles circonstances la machine de M. Lemoine pourra être d'un encombrement à peu près égal à celle d'Ericsson supposée à simple effet; car, du moment où la machine d'Èricsson serait disposée à double effet, elle deviendrait deux fois moins volumineuse que la machine à air libre de M. Lemoine.

La considération de la somme φ des frottements d'un piston dans son cylindre donnera, à la vérité, un avantage important à la machine de M. Lemoine sur celle d'Ericsson; mais, somme toute, rien ne devra être changé à la conclusion que j'ai déjà énoncée en disant que finalement la machine de M. Lemoine sera tout aussi encombrante que celle d'Ericsson, et peut-être plus encore.

Le seul avantage qui restera à M. Lemoine sera le fonctionnement à froid de toutes les parties frottantes de sa machine, avantage capital, bien certainement, mais qui ne suffira pas pour qu'un tel appareil ait la moindre chance de pouvoir être disposé avantageusement à bord d'un navire à grande vitesse.

CHAPITRE V.

De quelle manière le diagramme théorique de la machine de M. Lemoine, égal à la sixième partie seulement du diagramme théorique de la machine d'Ericsson (pour une masse d'air donnée), pourra être rendu égal à ce dernier, et même beaucoup plus grand, avec un cylindre à feu d'une capacité double, et, par suite, d'une capacité égale à celle du cylindre travailleur à simple effet d'Ericsson. — Du renouvellement d'une partie de l'air du cylindre à feu à chaque coup de piston, et de la manière de réaliser pratiquement les innovations du présent chapitre.

A quoi tient la petitesse de l'aire BFMK par rapport à l'aire BB′C′C sur la *fig.* 1, alors qu'on opère avec le même volume d'air froid OA sous la même pression AB dans la machine d'Ericsson et dans celle de M. Lemoine? A une pareille question je réponds que cela tient à l'acte préalable de compression de l'air froid dans la machine d'Ericsson le long de la courbe BB′ et à l'échauffement ultérieur de l'air froid comprimé de B′ en C′, au lieu que dans la machine de M. Lemoine les toiles métalliques et la quantité de chaleur supplémentaire venant du fond du cylindre à feu ne serviront qu'à faire passer la pression p de B en F, puis le volume d'air évacué de F en M.

Il y a donc une grande efficacité dans l'acte préalable de compression de l'air froid sur lequel on voudra opérer, et c'est là ce dont n'a pas tiré parti M. Lemoine.

Pour le démontrer très-clairement, je reporte mon attention sur le cylindre à feu de M. Lemoine, supposé d'une capacité égale à celle du cylindre alimentaire à simple effet d'Ericsson, c'est-à-dire d'une capacité représentée par la longueur OA sur la *fig.* 1.

J'augmente la hauteur de ce cylindre d'une quantité qui résultera du cours ultérieur de mes raisonnements, et j'y mets un piston en place du couvercle de M. Lemoine.

Pour plus de commodité, je représenterai la section du piston par 1, afin que le volume et la hauteur du cylindre puissent être représentés par une seule et même longueur dans le sens de l'axe Ov sur la *fig.* 1.

Cela convenu, j'imagine le refouloir au bas de sa course et le piston à une hauteur OA. Je conçois sous le piston un volume OA d'air froid à la pression AB, comme dans le cylindre alimentaire d'Ericsson.

A partir de cet instant, je laisse le refouloir en repos au point le plus bas de sa course pendant que le piston descendra de A en A'. Cela me servira à faire monter la pression de l'air froid de B en B' avec une dépense de travail égale à l'aire ABB'A'.

Cet effet étant supposé produit, j'arrête le piston dans son mouvement, et je pousse le refouloir de bas en haut jusqu'à la rencontre du piston, c'est-à-dire de O en A', sur la *fig.* 1. Cela me servira à augmenter la température de l'air d'environ 272 degrés, et, par suite, à faire monter la pression de la hauteur A'B' à une hauteur à peu près double, A'C'', sur la *fig.* 1.

Le refouloir étant venu joindre le piston au point A', alors que l'air est chaud et que sa pression est égale à A'C'', je fais mouvoir simultanément le piston et le refouloir de bas en haut, en contact l'un avec l'autre. Cela me servira à faire dilater l'air chaud, et pourvu que du fond du cylindre il arrive assez de chaleur pour que la température de l'air chaud reste constante, il est clair que la pression ira en diminuant le long de la courbe indéfinie C''C'C qui sera le prolongement de l'arc connu CC'.

Comme tôt ou tard il faudra songer à arrêter la dilatation de l'air pour revenir au point B et recommencer un deuxième opération, je suppose que l'on veuille faire cesser la dilatation de l'air au point C, où la courbe de détente rencontrera l'horizontale PBC. J'arrêterai donc le commun mouvement du piston et du refouloir à une hauteur OD, le long de l'axe Ov, ce qui m'aura fait obtenir une quantité de travail égale à l'aire A'C''C'CD.

A partir du point C, je laisserai le piston en repos, et je pousserai le refouloir du haut en bas de sa course, de D en O, le long de l'axe Ov. Cela me servira à refroidir l'air et à faire diminuer la pression, à partir de la hauteur DC jusqu'à une hauteur à peu près moitié moindre DN.

Cet effet étant supposé produit, je laisserai le refouloir en repos au bas de sa course, et je ferai descendre le piston de D en A, de manière à comprimer l'air le long d'une certaine courbe qui partira du point N, et le long de laquelle la température de l'air ira en augmentant quelque peu.

Quand les dispositions réfrigérantes dans le cylindre de M. Lemoine seront assez efficaces pour que la température de l'air froid reste constante, la courbe en question à mener par le point N sera le prolongement de l'arc déjà connu B'B, et dans cette hypothèse il me faudra dépenser une quantité de force motrice égale à l'aire DNBA pour ramener toutes choses dans leur état initial, et pour pouvoir recommencer identiquement toutes les mêmes opérations.

Or de l'ensemble de ces opérations je retirerai une quantité de force motrice égale à l'aire A'C''C'CD, de laquelle il y aura à défalquer les deux aires DNBA, ABB'A', ce qui me laissera un bénéfice égal à l'aire B'C''C'CNB, qui se composera de l'aire connue BB'C'C de la machine d'Ericsson, plus des aires triangulaires B'C'C'', BCN, au lieu de la seule aire BFMK dont profitera M. Lemoine.

On a vu que la valeur maximum de l'aire BFMK était

$$T = 0,115\, hp_0,$$

et celle de l'aire BB'C'C, d'après les formules (A), (B), (B'), (B'') du chapitre précédent,

$$T = 0,69\, hp_0.$$

A une simple inspection de la figure, on verra que l'aire P'C'C''P'', supposée d'une hauteur P'P'' égale à deux fois PP', et formée des mêmes abscisses que l'aire PBB'P', sera égale à deux fois cette dernière, et, par suite, égale à deux fois l'aire BB'C'C.

Ainsi l'on aura

$$\text{aire P'C'C''P''} = 2 \times 0,69\, hp_0 = 1,38\, hp_0,$$

puis on trouvera pour l'aire du rectangle P'B'C''P'' le produit

$$2\, p_0 \times \frac{1}{2} h = hp_0,$$

et en retranchant ce produit de l'aire précédente, il restera

$$\text{aire B'C'C''} = (1,38 - 1)\, hp_0 = 0,38 hp_0.$$

Pareillement on verra, à une simple inspection de la figure, que, d'après les hypothèses faites précédemment, l'aire PBNP''' sera la moitié de l'aire P'C'CP, et que, par suite, on aura

$$\text{aire PBNP'''} = 0,69\, hp_0\,;$$

puis on trouvera pour l'aire du rectangle PCNP''' le produit

$$\frac{1}{2} p_0 \times 2h = hp_0,$$

et, en soustrayant l'aire précédente de celle-là, il restera

$$\text{aire NCB} = (1 - 0,69)\, hp_0 = 0,31\, hp_0.$$

Finalement donc on aura

$$\text{aire BFMK} = 0,115\,hp_0,$$
$$\text{aire BB}'\text{C}'\text{C} = 0,69\,hp_0,$$
$$\text{aire B}'\text{C}''\text{C}' + \text{aire BCN} = (0,38 + 0,31)\,hp_0 = 0,69\,hp_0,$$
$$\text{aire BB}'\text{C}''\text{C}'\text{CNB} = (0,69 + 0,69)\,hp_0 = 1,38\,hp_0,$$

c'est-à-dire qu'en prenant pour unité le diagramme théorique le plus avantageux possible de la machine de M. Lemoine, le diagramme de la machine d'Ericsson se trouvera représenté par 6, et que le cylindre à feu de M. Lemoine, augmenté en hauteur de 1 à 2 seulement, avec un piston mobile en place du couvercle, pourrait faire obtenir, avec une même quanité d'air, un diagramme représenté par 12.

Ce serait comme si l'on disait : Étant donnée une machine à simple effet d'Ericsson, on pourra y supprimer le cylindre alimentaire, faire fonctionner le cylindre travailleur à froid de la manière que je viens d'expliquer (avec un piston et avec le refouloir de M. Lemoine), et le diagramme théorique de la machine ainsi modifiée, avec une course de piston égale aux $\frac{3}{4}$ de la hauteur du cylindre, deviendrait double de ce qu'il était, indépendamment de ce que l'on gagnerait par une moindre importance des frottements des pistons et du mouvement de l'air dans les tuyaux.

Il suffirait ensuite que l'on parvînt encore à faire fonctionner une telle machine à la pression élevée de M. Lemoine (avec un deuxième réservoir à air comprimé), pour que le même cylindre à feu fît obtenir une quantité de force motrice non pas double, mais quadruple ou même sextuple de celle de la machine primitive d'Ericsson.

La machine de M. Lemoine pourrait, en un mot, être rendue douze fois plus puissante qu'elle n'est, en augmentant de 1 à 2 seulement la hauteur de son cylindre à feu, et en y supprimant tout à fait le cylindre travailleur ainsi que les réservoirs à air.

Telle est l'importance théorique du principe que j'ai voulu démontrer dans le présent chapitre en ce qui concerne l'acte préalable de la compression de l'air froid sur lequel on voudra opérer.

Mais, au point de vue pratique des choses, on ne saurait se flatter de réaliser un bénéfice aussi considérable, et même la signification théorique du principe aura besoin d'être éclaircie pour qu'on ne soit pas exposé à en tirer des conséquences fausses.

Ainsi, par exemple, on pourrait vouloir conclure de mes raisonnements que l'aire NCC″B′ augmenterait de plus en plus, si l'on augmentait de plus en plus la compression de l'air froid le long de la courbe indéfinie BB′B″, avant de faire agir le refouloir pour faire monter la pression de B′ en C′.

Pareillement on pourrait dire que rien n'obligera de faire cesser le mouvement du piston et du refouloir (supposés en contact l'un avec l'autre), au point C de la *fig.* 1 plutôt qu'en un autre point quelconque C de la courbe indéfinie C″C′C, et que par une telle manière de faire on parviendra à ajouter au diagramme précédent l'aire NCC_1N_1 susceptible d'augmenter jusqu'à l'infini.

Or à de pareilles conclusions il y aura plusieurs remarques et objections à faire.

En premier lieu, ces conclusions ne seraient vraies qu'autant que l'on parviendrait à faire en sorte que chacune des courbes indéfinies B′BN, C″C′C fût une courbe d'égale température : ce qui exigerait une addition de chaleur d'autant plus considérable le long de la courbe $C''C'CC_1$, que les points extrêmes C″, C_1 seraient plus écartés l'un de l'autre, et ce qui, de même, exigerait un enlèvement de chaleur d'autant plus considérable le long de la courbe N_1NBB', que les points N_1, B′ seraient plus écartés l'un de l'autre. Il n'y aurait donc rien d'étonnant à ce qu'*en opérant avec des quantités de chaleur de plus en plus considérables,* on obtînt des quantités de force motrice de plus en plus grandes.

Mais, au point de vue pratique des choses, la quantité de chaleur susceptible d'être fournie à l'air le long de la courbe $C''C'CC_1$ et de même la quantité de chaleur susceptible d'être enlevée à l'air, d'abord de B en B′, et ensuite le long de l'arc N_1NB pendant la durée d'un coup de piston, seront limitées et, par suite, les courbes $C''C'CC_1$, BB′, N_1NB cesseront d'être des courbes d'égale température, c'est-à-dire que tôt ou tard ces courbes devront se rencontrer quelque part, par en haut comme par en bas sur la *fig.* 1, et que, de plus, l'arc N_1NB n'aboutira plus au point B, mais quelque part entre B et C sur la droite BC.

Ainsi la plus grande étendue possible du diagramme sera limitée, mais d'une manière qui échappera au calcul.

En second lieu, l'emploi des toiles métalliques sera d'une efficacité d'autant moindre, que la température, au lieu d'être constante, éprouvera une plus forte augmentation le long de chacun des arcs distincts BB′, N_1NB, et une plus forte diminution le long de l'arc $C''C'CC_1$.

Je suppose, par exemple, que tout à l'entour du diagramme BB'C'C de la machine d'Ericsson l'expérience ait fait constater les températures t, t' en B, B', et T, T' en C, C' avec les inégalités

$$t' > t, \quad T' > T.$$

Je conçois d'ailleurs l'ensemble des toiles métalliques comme une multitude de réservoirs de chaleur à toutes les températures imaginables de t à T. Alors, pendant le refroidissement de l'air chaud sortant, de C en P sur la *fig.* 1, chacun des réservoirs recevra un peu de chaleur, et sa température augmentera quelque peu (infiniment peu quand le nombre des réservoirs sera infiniment grand); puis ultérieurement, quand on voudra utiliser les quantités de chaleur ainsi recueillies pour échauffer de nouvel air de B' en C' sur la *fig.* 1, il arrivera deux choses : d'abord les quantités de chaleur recueillies par ceux des réservoirs dont la température se trouvera comprise entre t et t', ne pourront pas être réutilisées, puisque, par hypothèse, l'air à échauffer se trouvera déjà à une température t' plus grande que t; ensuite, celui des réservoirs qui se trouvera à la température la plus élevée T, ne pourra servir au plus à échauffer de nouvel air que jusqu'à sa température propre T, ce qui laissera subsister une lacune de T à T' qui ne pourra être comblée que par de la chaleur supplémentaire venant du fond du cylindre.

Les mêmes considérations seront applicables à tout autre diagramme tel que B'C''CNB ou B'C''C_1N_1B, et, par suite, je regarde comme bien établi que plus il y aura d'échauffement le long de chacun des arcs BB', N_1NB, et de refroidissement le long de l'arc C''C'CC_1, plus l'emploi des toiles métalliques sera d'une efficacité moindre dans la machine d'Ericsson comme dans celle de M. Lemoine.

En troisième lieu, j'observe que lorsqu'on voudra obtenir de la force motrice, en faisant fonctionner un piston dans un cylindre, on devra éviter de faire agir sur le piston, non-seulement des pressions absolues trop faibles pour que les frottements du mécanisme n'absorbent pas la totalité de la force produite, mais encore des pressions trop inégales du commencement à la fin de la course, parce que, d'une part, les résistances de toutes les parties du mécanisme devront être établies proportionnellement à la pression maximum dans le cylindre, ce qui rendra une machine de force donnée à pressions très-inégales plus pesante, et parce que, d'autre part, différents frottements, notamment ceux du piston contre la paroi ronde du cylindre, augmenteront avec la pression maximum, et se trouveront ensuite beaucoup trop forts pendant la marche ultérieure du piston où la pression de l'air deviendra beaucoup moindre.

Je dis donc que les raisonnements et calculs que j'ai faits pour établir qu'avec une égale quantité d'air le petit diagramme BFMK de la machine de M. Lemoine pouvait devenir égal à l'aire douze fois plus grande B'C''CNB, ne sont pas d'une entière exactitude, et que, du moment où l'on voudra avoir égard à la fois aux conditions pratiques et théoriques du sujet, on fera sagement de ne pas chercher à faire produire au cylindre à feu modifié de M. Lemoine un diagramme plus considérable que l'aire BB'C'C de la machine d'Ericsson : ce qui fera augmenter de 1 à 6 seulement la quantité de force motrice théoriquement possible avec un cylindre à feu augmenté en hauteur dans la proportion de 1 à 2 et muni d'un piston qui tiendra lieu du piston du cylindre travailleur de M. Lemoine.

Mais de quelle manière sera-t-il possible de réaliser une partie BB'C'C seulement de l'aire totale BB'CC''C'CNB sur la *fig.* 1, et point les deux aires triangulaires B'C'C'', BCN?

A cette question je puis faire une réponse très-simple et très-générale. On a vu que pour obtenir le diagramme théorique BB'C''C'CB il fallait que le piston et le refouloir pussent fonctionner d'un certain mouvement intermittent, qui a été très-exactement décrit.

On a vu que le piston devait s'arrêter au haut de sa course au point D de la *fig.* 1 pendant tout le temps que mettait le refouloir à aller de haut en bas, et que le refouloir à son tour devait s'arrêter au bas de sa course pendant tout le temps que mettait le piston à aller de haut en bas : ce qui avait pour objet de faire varier la pression de l'air, d'abord de C en N, puis de N en B, et de là en B' sur la *fig.* 1.

On a vu encore que le piston devait s'arrêter au bas de sa course en A', pendant le temps que mettait le refouloir à joindre le piston en A' : ce qui avait pour objet de faire augmenter la température de l'air et de faire aller la pression de B' en C'' sur la *fig.* 1.

On a vu enfin qu'à partir de l'ordonnée A'C'' le piston et le refouloir devaient se mouvoir simultanément en contact l'un avec l'autre, jusqu'au haut de la course : ce qui avait pour objet de faire varier la pression le long de la courbe C''C'C.

Cela étant compris, quand, au lieu de faire mouvoir le piston et le refouloir d'une telle manière déterminée, on les fera mouvoir ensemble ou séparément de toute autre manière, il est clair qu'on ne réalisera plus la totalité de l'aire BB'C''C'CNB, mais une partie seulement de cette aire, et autant de parties différentes que l'on voudra choisir d'espèces de mouvements différents.

Donc, réciproquement, quand on tracera arbitrairement une partie de l'aire totale BB'C''C'CNB sur la *fig.* 1, il devra être possible, en général, d'assigner une certaine loi de mouvement entre le piston et le refouloir, au moyen de laquelle on parviendra à réaliser, en effet, la partie donnée de l'aire BB'C''C'CNB.

Je regarde donc comme établi que, parmi toutes les lois de mouvement imaginables entre le refouloir et le piston, il y en aura une au moyen de laquelle on parviendra à réaliser le diagramme théorique d'Ericsson BB'C'C sur la *fig.* 1, et alors, en se mettant franchement à un tel point de vue, on arrivera aux résultats que voici :

Une machine à simple effet d'Ericsson étant supposée donnée, on pourra y supprimer le cylindre alimentaire, faire fonctionner un piston dans le cylindre travailleur, à froid, avec une course égale aux $\frac{3}{4}$ de la hauteur du cylindre, et l'aire du diagramme théorique de la machine ainsi modifiée sera ni plus ni moins grande que dans la machine primitive d'Ericsson. Mais comme la pression moyenne Π sur le piston devra être multipliée par une course égale à $\frac{3}{2}h$, pour qu'on trouve une surface rectangulaire égale au produit connu $0{,}69\,hp_0$, il s'ensuit que l'on aura

$$\Pi = \frac{2}{3} \times 0{,}69\,p_0 = 0{,}36\,p_0,$$

et qu'avec une aussi faible pression moyenne sur le piston on gagnera non-seulement par le fonctionnement à froid du cylindre travailleur, mais encore par une plus grande simplicité de mécanisme et par un moindre encombrement, alors qu'on prendra comme point de départ la machine primitive à air libre de M. Lemoine; car si l'on songeait à faire fonctionner l'appareil à pression élevée, à l'aide d'une atmosphère artificielle comme celle du deuxième réservoir de M. Lemoine, on parviendrait à doubler ou à tripler la pression moyenne sur le piston, et, par conséquent, à doubler ou à tripler la quantité de force motrice d'une machine de grandeur donnée; pourvu, toujours, qu'on pût réussir à faire passer un courant de chaleur assez abondant à travers le fond du cylindre à feu pour que la vitesse du piston travailleur n'eût pas besoin d'être diminuée

De la manière dont j'ai expliqué la possibilité d'avoir le grand diagramme BB'C''C'CNB, on devait opérer indéfiniment sur la même masse d'air, supposée alternativement échauffée et refroidie dans le cylindre à feu, et pareillement le diagramme réduit BB'C'C, ou tout autre en place de celui-là, pourra être obtenu en faisant resservir indéfiniment la même quantité d'air.

Mais pour qu'un tel mode de fonctionnement de la machine puisse réussir pratiquement, il faudra que l'on parvienne à établir des dispositions réfrigérantes suffisamment énergiques dans le haut du cylindre à feu, particulièrement entre le refouloir et le piston : ce qui compliquera la machine et ne sera pas d'une exécution facile.

On aura beaucoup plus de chances de réussite en disposant les choses de manière qu'une partie de l'air employé puisse être évacuée et remplacée par de l'air frais à chaque coup de piston : ce qui entraînera des dispositions réfrigérantes d'autant moins énergiques que l'on parviendra à renouveler une plus grande quantité d'air chaque fois.

Pour parvenir à un tel résultat, je suppose que le piston s'arrête au haut de sa course au point D de la *fig.* 1, pendant que le refouloir ira de haut en bas ; alors la pression descendra de la hauteur DC à la hauteur à peu près moitié moindre DN, et il suffira que l'on adapte au cylindre à feu une soupape pouvant ouvrir de dehors en dedans, et pas en sens contraire, pour que de l'air froid soit aspiré jusqu'à l'instant où la pression aura remonté à la hauteur DC.

Comme de cette manière la pression devra remonter de $\frac{1}{2}$ à 1, il faudra qu'il y ait une aspiration d'air frais en quantité égale à la quantité d'air préexistante ; puis, pendant que le piston descendra de D à A, on n'aura qu'à faire ouvrir une communication du cylindre à feu au dehors pour qu'une masse d'air, précisément égale à celle qui aura été aspirée, soit expulsée, tandis que la pression contre le piston restera constante de C en B le long de l'horizontale CB sur la *fig.* 1.

Mais, si l'on ne disposait les choses qu'avec ce degré de simplicité élémentaire, on rencontrerait deux inconvénients : d'abord l'obligation de faire le piston s'arrêter réellement au haut de sa course pendant que le refouloir descendrait de haut en bas, et ensuite la chance de faire sortir du cylindre à feu de l'air fraîchement aspiré au lieu d'une partie de l'air tiède déjà employé qu'il serait nécessaire de renouveler.

6..

Pour éviter ces deux inconvénients, je proposerai une disposition un peu différente. J'observe d'abord que la tige du refouloir devra sortir du haut du cylindre à feu à travers le corps du piston, et que, par suite, le piston devra être tenu par deux tiges fixées excentriquement à son disque aux deux extrémités d'un même diamètre.

Je proposerai, en conséquence, de disposer la tige du refouloir en forme de tube d'un assez grand diamètre avec un large rebord par en bas, à une petite distance au-dessus des toiles métalliques. Ce rebord servira de siége à un clapet circulaire pouvant ouvrir de haut en bas et pas en sens contraire. Sur le même rebord, en dehors de la largeur du clapet, sera fixé, par quatre petites colonnes, le corps du refouloir muni de ses toiles métalliques. Le clapet que je viens de décrire sera convenablement équilibré par un ressort ou par un contre-poids, de manière à se prêter librement à une aspiration d'air frais chaque fois que dans l'intérieur du cylindre il y aura une pression moindre qu'au dehors.

Le corps du piston sera percé au centre pour donner passage à la tige du refouloir, et convenablement évidé à l'entour pour loger le rebord et son clapet, de manière à réduire, autant que possible, l'espace nuisible qu'il y aura entre le piston et le refouloir, aux instants où l'écartement de ces deux pièces atteindra sa valeur minimum.

Dans la zone annulaire restante, le corps du piston sera percé de plusieurs ouvertures susceptibles d'être masquées et démasquées au moyen d'une plaque tournante qui sera percée d'orifices correspondants, et qui recevra son mouvement de dehors à travers les tiges du piston.

Le haut du cylindre à feu sera fermé par un couvercle à travers lequel passeront les deux tiges du piston et la tige creuse du refouloir ; le même couvercle portera une soupape qui pourra ouvrir du dedans au dehors et pas en sens contraire.

Les choses étant ainsi conçues, je suppose que le corps du piston soit rendu imperméable de B en B', de là en C', et encore de C' en C à l'entour de l'aire BB'C'C de la *fig.* 1; mais que de C en B, à l'entour de la même aire, le piston soit rendu perméable au moyen de la plaque tournante dont il a été question. Voici alors ce qui se passera.

Pendant la marche du piston de D en A, la partie supérieure du cylindre, sur une hauteur égale à AD, se remplira d'air tiède, à la pression d'une atmosphère, et, à partir du point A, cette quantité d'air se trouvera emprisonnée de manière à être dilatée d'abord, pendant la marche descendante du piston de A en A′, puis à être ramenée à la pression d'une atmosphère pendant la marche ascendante du piston de A′ en A, et enfin a être rejetée au dehors à travers le clapet ouvrant du couvercle du cylindre pendant la montée ultérieure du piston jusqu'au haut de sa course de A en D.

Je n'ai pas parlé du mouvement du refouloir parce que, de quelque nature que puisse être ce mouvement, il y aura nécessairement une pression atmosphérique dans le cylindre à feu à partir du point A, et que nécessairement aussi il faudra qu'il y ait, pendant la marche descendante du piston de D en A, une aspiration d'air froid à travers la tige creuse du refouloir en quantité égale à la quantité d'air tiède emprisonnée et ultérieurement évacuée pendant la montée du piston de A en D.

Ainsi, voilà un moyen certain et pleinement satisfaisant de renouveler à chaque double excursion un volume d'air tiède égal à la moitié de la capacité du cylindre à feu, sans qu'il soit nécessaire que le piston s'arrête absolument au point C de la *fig.* 1, pendant le temps que le refouloir descendra de haut en bas, et encore sans qu'il soit nécessaire que le refouloir ait déjà atteint le point le plus bas de sa course à l'instant où le piston parviendra en B.

De B en B′ il arrivera, à la vérité, que la quantité d'air emprisonnée au-dessus du piston se raréfiera et produira un vide partiel, qui augmentera la résistance à vaincre par le piston pendant la période de compression de l'air qui se trouvera en dessous; mais il y aura deux manières de remédier à un tel inconvénient : soit en mettant le dessus du piston en communication avec l'air libre de B en B′ sur la *fig.* 1, afin qu'il puisse y avoir une aspiration d'air froid qui servira toujours à refroidir quelque peu le haut du cylindre; soit en accouplant un certain nombre de cylindres à feu, et en disposant les choses de manière que de B en B′ l'un de ces cylindres en particulier puisse aspirer de l'air tiède dans celui des autres cylindres dont le piston fera, dans le même intervalle de temps, la partie CB de sa course.

De cette autre manière, on réussirait manifestement à faire rejeter une cylindrée complète d'air tiède au dehors à chaque double excursion du piston de chacun des cylindres accouplés quels que pussent être les mouvements correspondants des refouloirs, et par une telle disposition on arriverait peut-être à ne plus avoir besoin du serpentin réfrigérant de M. Lemoine à la partie supérieure des toiles métalliques dans l'intérieur du cylindre à feu : ce qui rendrait la machine d'une construction notablement plus simple

Il ne serait pas impossible de disposer une pareille machine à pression élevée à l'aide d'un réservoir qui aurait pour objet de former une atmosphère artificielle comme dans la machine à pression élevée de M. Lemoine; mais alors il faudrait qu'il y eût un puissant réfrigérant dans ce réservoir, plus une pompe alimentaire pour réparer les pertes d'air qu'on ferait par des joints non hermétiquement clos, et il ne serait pas très-facile de faire tomber l'air frais du réservoir à la surface des toiles métalliques dans le cylindre à feu à travers la tige creuse du refouloir.

Il pourrait d'ailleurs se faire qu'en voulant doubler ou tripler de cette manière la quantité de force motrice d'un cylindre à feu de grandeur donnée, on ne parvînt pas à faire passer un courant de chaleur assez abondant à travers le fond du cylindre pour pouvoir conserver la même vitesse au piston, ce qui rendrait le prétendu perfectionnement tout à fait illusoire.

Je me résume donc, et je dis que, si l'on voulait essayer de réaliser pratiquement les innovations sur lesquelles je me suis appesanti dans le présent chapitre, on ferait sagement de commencer par la construction d'une machine à air libre avant que de songer aux formes plus compliquées d'une machine à pression élevée.

Il reste à savoir, à la vérité, de quelle manière on pourra obtenir, sinon le diagramme théorique d'Ericsson BB'C'C avec ses parties anguleuses en B, B', C', C, du moins quelque diagramme peu différent de celui-là, et à peu près équivalent, sans être obligé de faire aller le piston et le refouloir d'une manière essentiellement discontinue et intermittente comme dans mes premiers raisonnements où il s'agissait d'obtenir la grande aire BB'C''C'CNB égale à douze fois l'aire maximum BFMK de la machine de M. Lemoine; car s'il n'était pas possible de remplacer les mouvements intermittents du piston et du refouloir de mes premiers raisonnements par des mouvements identiques ou analogues à ceux d'une manivelle et de sa bielle, il ne faudrait pas songer un instant à vouloir essayer aucune des innovations dont il vient d'être question.

Mais je ne m'occuperai de cette partie purement géométrique du sujet que j'ai à traiter qu'au chapitre VII, après avoir épuisé la partie dynamique et calorifique de la théorie des machines à air chaud.

CHAPITRE VI.

Exposé rapide des notions les plus générales de la théorie des effets dynamiques de la chaleur en ce qui concerne les machines à air chaud. — De la manière de produire une combustion parfaite en vase clos, et de perdre le moins possible de la quantité de chaleur produite en ne faisant sortir de la cheminée que des produits gazeux très-refroidis.

Les raisonnements et constructions que j'ai été amené à faire sur la *fig.* 1 touchent de si près à ce que la théorie abstraite des effets dynamiques de la chaleur enseigne sur la manière d'obtenir la plus grande quantité possible de force motrice, avec de la chaleur mise à notre disposition dans un corps chaud en présence d'un autre corps froid, que je crois devoir profiter de l'occasion qui m'est ainsi offerte de faire connaître différentes notions générales sur cette partie importante de la physique mécanique.

L'axiome fondamental est celui-ci :

Toutes les fois que deux corps A, A', à des températures différentes t, t', seront en présence l'un de l'autre, il s'établira un courant de chaleur du corps chaud vers le corps froid, et l'on pourra toujours concevoir un mécanisme identique ou analogue à celui d'une machine à vapeur (comme aussi un mécanisme identique ou analogue à celui d'une machine à air chaud, de la machine à air libre de M. Lemoine par exemple), qui aura pour objet de faire aller de la chaleur, non pas directement du corps chaud vers le corps froid, mais bien à travers les capacités et tuyaux du mécanisme à l'aide d'une vapeur ou d'un gaz, comme véhicule de la chaleur à transporter, de manière qu'on obtienne de la force motrice.

Donc, pour qu'on fût assuré de ne jamais perdre aucune quantité possible de force motrice, il faudrait que dans une machine à vapeur, comme aussi dans une machine à air, il ne pût jamais y avoir une libre transmission de chaleur entre deux corps contigus ou voisins, à des températures t, t', dont la différence ne sera pas infiniment petite, c'est-à-dire nulle à la dernière limite des raisonnements qu'on aura à faire pour se rendre un compte exact du mode de fonctionnement de la machine.

Je ne puis pas m'arrêter ici à faire voir, à l'aide de figures parfaitement évidentes, de quelle manière, avec des enveloppes supposées imperméables à la chaleur, on réussirait dans la construction d'une machine à vapeur, comme aussi dans la construction de certaines machines à air chaud (les frottements et résistances passives de la machine étant considérés comme nuls), à obtenir des quantités considérables de force motrice, en satisfaisant exactement à la condition fondamentale que je viens d'énoncer, ni de quelle manière, par un mode de fonctionnement exactement inverse de la machine, on réussirait, avec une dépense de travail égale à celle qu'on aurait recueillie dans le mode de fonctionnement direct de la machine (au point de vue purement abstrait des choses), à faire remonter précisément les mêmes quantités de chaleur du corps froid dans le corps chaud.

Je me bornerai à regarder cette double proposition comme étant établie et connue de mes lecteurs, afin de me trouver en demeure de pouvoir appeler l'attention sur le corollaire que voici :

Différentes espèces de vapeur et de gaz pourront être employées, soit isolément chacune, soit par certaines combinaisons entre elles, à produire identiquement les mêmes effets calorifiques, en même temps que certaines quantités de forces motrices correspondantes S, S_1, S_2, etc.

Donc, puisque avec chaque espèce de vapeur ou de gaz l'opération directe et l'opération inverse seront également possibles, toutes les fois que les effets calorifiques seront identiquement les mêmes, il faudra que les quantités correspondantes de forces motrices S, S_1, S_2, etc., soient égales, sans quoi l'on ferait immédiatement le mouvement perpétuel, c'est-à-dire sans quoi l'on parviendrait à créer de toutes pièces, sans dépense aucune, autant de force motrice que l'on voudrait : ce qui est absurde.

M. S. Carnot, qui a fait le premier un tel raisonnement dans un petit ouvrage publié en 1824, a supposé, comme tout le monde jusqu'à lui, que dans une machine à vapeur théoriquement parfaite, selon la condition que j'ai énoncée tout à l'heure, la quantité de chaleur q' sortie de la chaudière au moyen de la vapeur comme véhicule devait être exactement égale à la quantité de chaleur q enlevée au même véhicule par l'eau réfrigérante dans le condenseur, et à ce point de vue, c'est-à-dire en admettant l'égalité

$$(1) \qquad q' = q,$$

il lui a été facile de démontrer qu'en désignant par $\Gamma(t)$ une certaine fonction de la température qui devait être la même pour tous les corps de la nature, la quantité S de force motrice théoriquement possible avec une quantité de chaleur q passant (à l'aide d'une vapeur ou d'un gaz comme véhicule), de la température élevée t' de la chaudière à la température basse t du condenseur, devait être exactement représentée en physique rationnelle par la formule

(II) $$S = q \int_t^{t'} \frac{d\Gamma(t)}{dt} dt = q(\Gamma(t') - \Gamma(t)).$$

Depuis que M. S. Carnot a mis au jour une proposition aussi remarquable que celle-là, M. Regnault, le plus éminent de nos physiciens, est venu contester l'égalité $q' = q$.

Or, en admettant, à tort ou à raison, qu'au lieu de l'égalité $q' = q$ on doive avoir $q' > q$ ou même $q' < q$, la filiation logique des raisonnements de M. Carnot ne se trouve pas entièrement rompue. Elle peut être renouée d'une manière un peu différente, ainsi que je l'ai fait voir dans un Mémoire présenté à l'Institut en novembre 1851, et qui vient d'être publié dans le *Journal de Mathématiques* de M. Liouville (octobre, novembre et décembre 1853).

On se trouve conduit alors à remplacer les formules (I) et (II) de M. S. Garnot par la formule un peu plus générale

(III) $$S = q'\Gamma(t') - q\Gamma(t) = \int_t^{t'} \frac{d}{dt}(q\Gamma(t))\, dt.$$

Si j'ajoute à cela que, selon M. Regnault et différents physiciens étrangers, tels que MM. Joule, Tompson, Ranckine, Mayer et Clausius, on doit avoir

(IV) $$S = G(q' - q),$$

et, par suite, dans ma formule (III)

$$\Gamma(t) = \text{const. } G,$$

je serai parvenu à conduire mes lecteurs par un chemin bien rapide jusqu'au point culminant de la science des effets dynamiques de la chaleur, laquelle est très en faveur aujourd'hui dans le monde savant.

Mais ce n'est pas sur la question de savoir si les aires de certaines figures, parfaitement évidentes, devront être représentées exactement par la formule (II), ou par la formule (IV), ou par la formule (III), que je veux et dois m'appesantir ici. Le désacord à ce sujet pourrait venir, d'ailleurs, de ce que certains effets calorifiques fussent indissolublement liés à des effets lumineux ou électriques, à ce point que la fonction universelle $\Gamma(t)$ de ma formule (III) dût cesser d'être la même toutes les fois que, pour les mêmes effets calorifiques, les effets lumineux et électriques correspondants ne seraient pas les mêmes.

Je reviens donc au point de départ de mes raisonnements du présent chapitre, et je ne m'appuierai, dans ce qui va suivre, sur aucune autre vérité directement évidente que celle-ci :

Quand la nature mettra à notre disposition une certaine quantité de chaleur à une température élevée t', *nous devrons nous garder le plus possible de laisser passer directement une telle quantité de chaleur dans un corps d'une température beaucoup moins élevée* t.

Nous devrons viser toujours à ne laisser se produire une transmission de chaleur qu'entre des corps A, A' *dont les températures* t, t' *seront aussi peu différentes que possible,* et au moyen de ce précepte général, qui n'est que l'axiome primitif de M. S. Carnot, d'une portée supérieure à celle des formules (I), (II), (III), (IV), nous réussirons incontestablement à augmenter le plus possible dans chaque cas donné, soit les effets calorifiques, soit les effets dynamiques des corps que nous parviendrons à soumettre aux règles théoriquement voulues par le précepte ou par l'axiome en question.

Cela étant admis, il me sera extrêmement facile de faire comprendre sur la *fig.* 1 ce que l'on devra entendre par la plus grande somme de force motrice théoriquement possible avec une certaine quantité de chaleur appliquée à un gaz.

Je concevrai un volume de gaz OA à la pression AB et à la température o, pour bien fixer les idées.

Je ferai aller le gaz par compression de B en B' le long d'une courbe indéfinie d'égale température, ce qui m'obligera d'employer un corps réfrigérant à la température o (de la glace fondante par exemple), au moyen duquel je soutirerai incessamment de la chaleur au gaz pendant toute la durée de la compression, de manière à en maintenir la température rigoureusement à zéro.

A partir du point B', j'approcherai une source de chaleur et je ferai augmenter le volume du gaz sous la pression constante OP', ce qui m'obligera de fournir incessamment de la chaleur au gaz.

Mais je pécherais contre mon principe général, si je m'avisais de faire venir la chaleur nécessaire d'un foyer à une température beaucoup plus élevée que celle du gaz à échauffer.

La théorie veut que j'aie à ma disposition une multitude de réservoirs de chaleur à toutes les températures imaginables, depuis o jusqu'à la température la plus élevée T' qu'il me plaira de donner au gaz. Ces réservoirs pourraient être des boules pleines d'eau et de vapeur saturée à une série de températures différentes.

En approchant alors la première boule à la température de 1 degré et en attendant que l'équilibre de température se soit établi au moyen de la chaleur devenue libre par la condensation d'un peu de vapeur dans l'intérieur de la boule, j'augmenterai d'un premier échelon la température du gaz; puis, en procédant de même avec une seconde boule d'une température un peu plus élevée, et ainsi de suite indéfiniment jusqu'à la limite fixée T', en ayant toujours soin de ne me servir que d'une boule dont la température sera très-peu supérieure à celle du gaz que je voudrais échauffer, je réussirai finalement à faire aller le volume V du gaz de B' en C' sur la *fig.* 1, sous une pression constante OP'.

Une somme convenable de quantités de chaleur élémentaires dq' ayant été ainsi dépensée pour faire aller le volume v du gaz de B' en C', et la température correspondante de o à T', j'enlève toutes les sources de chaleur et je fais dilater le gaz dans une enveloppe non perméable à la chaleur, le long d'une certaine courbe C'CR, qui ne sera pas une courbe d'égale température, mais une certaine courbe déterminée qui dépendra de la seule nature du gaz, et le long de laquelle la température ira continuellement en diminuant, à partir de la limite initiale T', jusqu'à ce que tôt ou tard, en un point R de la courbe, le gaz excessivement dilaté n'aura plus qu'une température égale à zéro.

A partir de ce point R, je fais cesser la dilatation et je comprime le gaz; mais, pour empêcher la température d'augmenter et la pression de remonter le long de la courbe C'CR, je me sers de mon corps réfrigérant, et je soutire incessamment de la chaleur au gaz, de manière à maintenir sa température exactement à zéro, ce qui me fera revenir le long d'un arc de courbe RNB qui ne sera que le prolongement de l'arc connu B'B, c'est-à-dire que l'arc total RBB' appartiendra à une certaine courbe indéfinie qui dépendra de la seule nature du gaz et le long de laquelle la température sera partout égale à zéro.

Pendant ce retour de R en B et pendant la marche initiale de B en B', c'est-à-dire pendant le parcours de l'arc total RBB', mon corps réfrigérant servira à enlever au gaz une certaine somme de quantités de chaleur élémentaires dq, et quand le cercle entier des opérations se trouvera accompli, il me restera un bénéfice de force motrice égal à l'aire triangulaire BB'C'RB qui sera le parfait équivalent mécanique du phénomène physique, qui consistera à avoir dépensé une certaine somme de quantités de chaleur élémentaires dq', à une série de températures différentes de o à T', et à avoir recueilli une autre somme de quantités de chaleur élémentaires dq à la température fixe o.

Non-seulement il me sera facile de figurer ainsi, en bloc sur la *fig.* 1, par l'aire triangulaire BB'C'R, la totalité de la force motrice théoriquement possible au moyen des deux sommes de chaleur

$$\Sigma dq', \quad \Sigma dq,$$

mais il me suffira de tracer séparément la même aire triangulaire sur la *fig.* 2, puis d'y mener une multitude de courbes de détente ab, $\alpha\beta$, etc., de même espèce que la courbe finale C'R, pour que la petite bande $a\alpha\beta b$ représente manifestement la quantité de force motrice théoriquement possible avec les deux quantités de chaleur dq', dq dont la première servira à échauffer le gaz de a en α à la température spéciale t' que comportera le volume du gaz en ce point-là sur l'horizontale B'C, et dont la seconde dq sera enlevée au gaz par mon corps réfrigérant à la température o, de b en β le long de la courbe indéfinie RB' d'une température constante égale à zéro.

Cela convenu, M. S. Carnot pensait qu'on devait avoir

$$dq' = dq,$$

et, par suite,

(II *bis*) $$\text{aire } a\alpha\beta b = (\Gamma(t') - \Gamma(o))\, dq.$$

D'autres physiciens pensent, au contraire, que l'on devra avoir

(IV *bis*) $$\text{aire } a\alpha\beta b = (dq' - dq),$$

et ma formule (III) fera avoir

(III *bis*) $$\text{aire } a\alpha\beta b = \Gamma(t')\, dq' - \Gamma(o)\, dq.$$

Mais, quoi qu'il en puisse être à ce sujet, l'aire totale BB'C'RB et toutes les bandes $a\alpha\beta b$ n'en existeront pas moins d'une manière parfaitement déterminée chacune sur mes *fig.* 1 et 2, et les conséquences que je vais en tirer ne dépendront nullement des formules (I), (II), (III), (IV).

En effet, quelle était la disposition des machines à air chaud avant l'invention des toiles métalliques d'Ericsson (invention que réclament en France MM. Franchot et Lemoine)?

On comprimait d'abord de l'air froid de B en B', et on ne s'attachait pas toujours à enlever de la chaleur à cet air, de manière à empêcher sa température d'augmenter : ce qui faisait perdre un peu du maximum de force motrice théoriquement possible.

On échauffait ensuite l'air de B′ en C′ sur la *fig.* 1 à l'aide d'un foyer à une température très-élevée : ce qui était une grave infraction au précepte que j'ai énoncé plus haut.

De C′ en C on faisait dilater l'air en continuant le plus souvent à l'échauffer : ce qui était une autre infraction au principe en question, mais une infraction minime qu'il aurait été difficile d'éviter et que n'évitent ni Ericsson ni M. Lemoine.

Mais l'essentiel est qu'à partir du point C on se débarrasserait d'un volume d'air chaud OD à la pression constante OP pour reprendre un volume OA d'air froid à la même pression : ce qui avait l'inconvénient de faire perdre à chaque coup de piston une quantité de chaleur susceptible de produire théoriquement une quantité de force motrice égale à l'aire triangulaire BCR de la *fig.* 1.

Quelle était l'importance de cette perte? C'est ce qu'on ne savait pas et ce qu'on ne sait pas encore aujourd'hui, mais on a lieu de croire qu'elle était très-grande.

Maintenant, qu'a fait Ericsson? Il a imaginé de présenter ses toiles métalliques au courant d'air chaud sortant de C en P sur la *fig.* 1, et de recueillir au passage, non pas l'aire triangulaire BCR, mais la quantité de chaleur susceptible de produire cette aire, afin de réemployer la quantité de chaleur ainsi recueillie à échauffer de nouvel air de B′ vers C′ sur la *fig.* 1, au coup de piston suivant : ce qui lui procurait une grande économie dans la quantité de chaleur à dépenser, et le faisait approcher indirectement du même but que si, avec toute la dépense de chaleur initiale, il était parvenu à réaliser l'aire totale BB′C′RB.

Les toiles métalliques d'Ericsson doivent être conçues d'ailleurs en assez grand nombre pour que, pendant la sortie de l'air chaud à travers leurs mailles, elles puissent se constituer à une série de températures très-peu différentes, depuis la température initiale T (au point C de la *fig.* 1) de toutes les tranches d'air sortantes jusqu'à la température finale peu supérieure à o de la dernière des toiles métalliques à la sortie de la quantité d'air refroidi par elles.

Le refroidissement de l'air chaud sortant se fera alors d'une manière assez conforme au précepte général que j'ai énoncé plus haut, et pareillement, quand ultérieurement (de B′ en C′ sur la *fig.* 1) on fera passer de l'air froid en sens contraire à travers les toiles métalliques, le réchauffement de cet air se fera aussi d'une manière assez conforme au précepte en question.

Je dis d'une manière assez conforme, et non d'une manière exactement conforme, parce qu'évidemment une conformité exacte ne saurait être réalisée complétement en aucun cas.

L'emploi des toiles métalliques ne saurait d'ailleurs être suffisant pour faire augmenter le volume de l'air d'un nouveau coup de piston de B' jusqu'en C' sur la *fig.* 1.

Car, en supposant une certaine quantité de chaleur initialement dépensée de B' en C', le diagramme théoriquement possible avec une telle dépense de chaleur sera celui où la détente se fera de C' en C dans une enveloppe non perméable à la chaleur : ce qui fera diminuer la température tout le long de la courbe C'C, et ne laissera subsister au point C' qu'une température T inférieure à T'.

Lors donc que les toiles métalliques s'échaufferont au moyen de l'air chaud sortant, la plus chaude de ces toiles ne pourra pas se constituer à une température plus élevée que T.

Puis, ultérieurement, pendant le coup de piston suivant de B' en C', sur la *fig.* 1, aucune toile métallique ne saurait être employée à échauffer de l'air froid entrant à une température plus élevée que T, ce qui laissera exister une lacune thermométrique T' — T, qui ne pourra être comblée que par une certaine quantité de chaleur supplémentaire venant d'un foyer étranger.

On n'échappera pas à cette conséquence en supposant que dans la machine d'Ericsson la température reste constante, ou va même en augmentant le long de la courbe de détente C'C.

Dans cette hypothèse, il arrivera à la vérité que pendant la sortie de l'air chaud (de D en O, sur la *fig.* 1) la plus chaude des toiles métalliques pourra se constituer à une température T, égale ou même supérieure à T', et que, par suite, les toiles métalliques pourront, à la rigueur, se trouver assez échauffées pour suffire à elles seules à faire aller un nouveau volume d'air de B' en C' au coup de piston suivant; mais voilà tout ce qu'elles pourront faire ; et à partir de l'instant où la nouvelle détente se fera, de C' en C (les toiles métalliques ayant cessé alors de pouvoir servir), le foyer devra fournir la même quantité de chaleur supplémentaire qu'au coup de piston précédent, pour que de nouveau la température reste constante ou aille même en augmentant de C' en C.

Les raisonnements que je viens de faire permettent de faire voir sous un nouveau jour l'utilité des toiles métalliques d'Ericsson, indépendamment de l'idée que j'ai mise en avant, de prime abord, au sujet de l'aire théorique non connue en grandeur BCR (*fig.* 1).

En détachant de la *fig.* 1 l'aire BB'C'C, et en la représentant séparément sur une échelle un peu plus grande (*fig.* 3), avec l'attention d'y concevoir l'arc BB' comme appartenant à une courbe d'égale température, et l'arc C'C comme appartenant à une courbe de détente le long de laquelle il ne faudra ni ajouter ni retrancher de la chaleur à un gaz pendant que la température du gaz ira en diminuant, on arrivera aux conséquences ci-après :

De B en B' la température sera constamment égale à zéro, et pour que cette circonstance puisse avoir lieu en effet, il faudra qu'une certaine quantité de chaleur soit enlevée à chaque coup de piston à la nouvelle quantité d'air que l'on comprimera de B en B'.

De B' en C' on dépensera initialement une certaine quantité de chaleur Q', de manière à faire augmenter le volume de B' en C', et la température de o à T'.

De C' en C il n'y aura ni addition ni soustraction de chaleur, et la température ira en diminuant de T' à T.

De C en P l'air chaud sera envoyé au dehors, et de nouvel air sera aspiré, ce qui fera revenir de P en B. Les toiles métalliques auront servi à enlever à l'air chaud sortant la plus grande partie de sa chaleur Q, et la plus chaude des toiles ne pourra se trouver constituée à une température plus élevée que T.

Donc, au coup de piston suivant, les toiles métalliques ne pourront pas servir à faire augmenter le volume v d'une nouvelle quantité d'air frais au delà d'un certain point situé en deçà du point C' sur l'horizontale B'C', et où la température de l'air n'excédera pas T.

Lors donc qu'on ne voudra pas combler la lacune thermométrique $T'-T$ par une certaine quantité de chaleur supplémentaire, on devra mener une courbe TT_1, de l'espèce C'C, le long de laquelle la température ira en diminuant de T à T_1, et l'on obtiendra au second coup de piston une quantité de force motrice égale à l'aire $BB'TT_1$, avec la seule chaleur que les toiles métalliques avaient enlevée au coup de piston précédent.

Pareillement, à la sortie de l'air chaud du second coup de piston, la plus chaude des toiles métalliques ne pourra s'échauffer au delà de T_1.

Puis, au troisième coup de piston, la quantité de chaleur recueillie Q ne pourra pas servir à échauffer une nouvelle quantité d'air au delà d'un certain point T_1, situé en deçà du point précédent T, sur l'horizontale B'C'.

En menant une courbe correspondante T_1T_2, de l'espèce C′C, on obtiendra, au troisieme coup de piston, une nouvelle quantité de force motrice égale à l'aire BB′T_1T_2, et ainsi de suite pendant un certain nombre d'opérations successives, jusqu'à ce que finalement toutes les toiles métalliques soient ramenées à la température fixe zéro.

Il s'ensuit donc qu'après une seule dépense de chaleur initiale Q′ les toiles métalliques pourront servir à faire obtenir un certain nombre d'aires successives sur la *fig.* 3, et cette somme d'aires, si elle était connue, pourrait être regardée comme étant l'une des mesures possibles de l'efficacité des toiles métalliques.

Je dis l'une des mesures possibles, car, à l'état de fonctionnement régulier d'une machine, la véritable efficacité des toiles métalliques sera mesurée par la quantité proportionnelle de chaleur qu'on économisera à chaque coup de piston, comparativement aux anciennes machines à air où l'on perdait entièrement la chaleur de l'air sortant.

Je n'ai parlé dans mes raisonnements que des limites supérieures de chacune des aires partielles BB′TT_1, BB′T_1T_2, etc., et ces limites supérieures seront manifestement celles que l'on trouvera sur la *fig.* 3, en reliant tous les arcs de détente C′C, TT_1, T_1T_2, etc., par des courbes d'égale température à traits ponctués TT, T_1T_1, T_2T_2, etc.

En continuant à ne voir que ces limites supérieures, la *fig.* 3 fera comprendre avec une entière clarté que le nombre des opérations successives sera d'autant moindre que la différence de pression PP′ sera plus grande.

La somme de toutes les aires consécutives aura certainement une valeur parfaitement déterminée dans chaque cas, et quand la différence de pression PP′ deviendra infiniment petite, le nombre des opérations successives deviendra infiniment grand, mais la somme des aires deviendra une intégrale définie et devra aussi être égale à un nombre fini parfaitement déterminé.

Il est bien difficile de ne pas se laisser aller à croire d'après de pareilles inductions, que la somme de toutes les aires (limites supérieures de ce que l'on parviendrait à réaliser en effet), dont je viens de m'occuper, devra être égale à l'aire BB′C′RB de la *fig.* 1. Je dois ajouter toutefois qu'une pareille égalité ne sera une chose directement évidente que dans la manière de voir de M. Carnot, c'est-à-dire d'après les équations (I) et (II).

Mais quoi qu'il en puisse être à ce sujet, ce qui est directement évident dans tous les cas, c'est qu'à chaque nouvelle opération il faudra qu'on soutire une nouvelle quantité de chaleur C à la quantité d'air froid que l'on comprimera de B en B′ sur les *fig.* 1 et 3, de telle sorte que pour n opérations successives, au moyen des toiles métalliques et d'une seule dépense de chaleur initiale Q′, le corps réfrigérant dont on se servira, recevra une quantité de chaleur nC, qui vraisemblablement ne sera pas très-différente de la quantité déjà nommée

$$\Sigma\, dq \quad \text{ou} \quad Q,$$

que l'on se trouverait obligé de soutirer le long de l'arc RBB′, si d'une seule opération on voulait obtenir l'aire BB′C′RB de la *fig.* 1, avec une même dépense de chaleur initiale Q′, que par les n opérations successives de la *fig.* 3.

On n'échappera pas d'ailleurs à cette conséquence quand on voudra cesser d'enlever de la chaleur à l'aire pendant la durée de la compression de B en B′ sur la *fig.* 3, parce que, dans ce cas, l'air employé s'échauffera et acquerra au point B′ une température t' plus élevée qu'au point B, de telle sorte que pendant le phénomène ultérieur du réchauffement de l'air de B′ en C′ à l'aide des toiles métalliques, toutes celles des toiles métalliques dont la température sera inférieure à t' ne serviront pas à échauffer, mais bien au contraire à refroidir quelque peu les premières tranches d'air entrantes en s'échauffant elles-mêmes jusqu'à t' : d'où il résultera qu'au coup de piston suivant l'air sortant s'en ira à une température au moins égale à t' et emportera avec lui une certaine quantité de chaleur K, non susceptible d'être recueillie par les toiles métalliques, ce qui pour n opérations consécutives fera une perte totale de chaleur égale à nK, tandis que précédemment c'était n C.

Ces remarques ont une signification très-importante. Elles prouvent péremptoirement que l'on ne saurait obtenir de la force motrice à l'aide d'un gaz, qu'autant qu'il y aura un transport de chaleur à l'aide du gaz comme véhicule d'un corps chaud dans un corps froid. Elles ne prouvent pas, il est vrai, que la quantité de chaleur transportée se conservera intégralement pendant le transport, et que tout ce qui sortira du corps chaud se retrouvera dans le corps froid, comme le pensait M. S. Carnot; mais elles démontrent que le transport d'une partie au moins de la chaleur du corps chaud dans le corps froid sera la condition indispensable du phénomène d'une production de force motrice, et que le système des physiciens qui ne veulent reconnaître une production de force motrice que là où il y a de la chaleur détruite (d'après la formule IV), ne saurait être étendu à ce point, qu'il pût être permis de dire avec tant soit peu de fondement : Il n'y aura de machine théoriquement parfaite que celle qui, par son mode de fonctionnement, servira à transformer la totalité de la chaleur qu'on y mettra en force motrice.

Je veux dire, en un mot, que l'idée qu'on pourrait avoir de vouloir faire une machine motrice qui fonctionnerait à l'aide d'une certaine dépense de chaleur, et de laquelle tous les corps gazeux employés comme véhicule de la chaleur sortiraient à la température de l'air ambiant, sans emporter de la chaleur avec eux, est une idée chimérique, non pas seulement au point de vue pratique des choses, ce qui est bien évident, mais encore en pure théorie.

Il faudra toujours que de la chaleur soit transportée, comme le disait M. S. Carnot, et il pourra tout au plus se faire que la quantité q au point d'arrivée soit moindre que la quantité q' au point de départ.

Ma dissertation est devenue plus longue que je ne pensais la faire au début de ce chapitre, et pourtant je ne puis laisser échapper l'occasion de parler aussi du mode de production de la chaleur par le phénomène de la combustion.

Je reviens donc à la *fig.* 1, et je suppose qu'après avoir aspiré un volume d'air froid OA à la pression AB, on y mélange une petite quantité de combustible, de manière qu'après l'achèvement de la combustion on se trouve avoir un volume d'air et d'acide carbonique OD à la même pression AB; le volume des gaz étant supposé avoir varié pendant la durée de la combustion de B en C le long de l'horizontale BC.

Alors on aura à construire une aire identique ou analogue à l'aire triangulaire BCR de la *fig.* 1, et cette aire représentera la quantité de force motrice théoriquement possible avec la quantité de chaleur développée par le phénomène de la combustion et avec les gaz provenus de cette combustion sous une pression donnée AB.

Au lieu de faire opérer la combustion sous une pression constante AB, ainsi que cela a lieu dans tout fourneau à air libre, on pourra faire opérer la combustion en vase clos sous un volume constant OA, de manière à faire monter la pression de AB à AC′ avant de faire dilater les gaz : ce qui fera trouver une aire triangulaire telle que BC′R′ (*fig.* 1), pour la quantité de force motrice théoriquement possible avec la quantité de chaleur développée par le phénomène de la combustion et avec les gaz provenus de la combustion sous un volume constant OA.

On voit ainsi naître la question qui aura pour objet de savoir si l'arc C′CR de cet autre diagramme fera le prolongement de l'arc CR du diagramme précédent ou non; c'est-à-dire la question qui aura pour objet de savoir si par le mode actuel de combustion on obtiendra une aire BC′R égale, ou plus grande ou plus petite que celle du triangle curviligne BCR du mode de combustion précédent.

De toute manière, il y aura dans le diagramme actuel une partie triangulaire BC′C qui pourra être réalisée directement à l'aide d'un cylindre et d'un piston, mais la partie restante BCR se trouvera dans un cas différent.

Une autre manière encore de faire opérer la combustion, ce sera, après avoir fait aspirer un volume OA d'air froid sous la pression AB, de comprimer cet air de B en B′ le long d'une certaine courbe indéfinie qui pourra être à volonté une courbe d'égale température ou une courbe de détente de l'espèce CC′, T_1T, T_2T_1, etc., des *fig.* 1 et 3, selon qu'on s'avisera de soutirer ou de ne pas soutirer de la chaleur à l'air pendant la durée de la compression de B en B′ (*fig.* 1).

A partir du point B′ on pourra ensuite faire opérer la combustion sous la pression constante A′B′, ce qui donnera lieu à une aire théorique BB′C′RB, et fera naître la question de savoir si pour une même quantité de combustible la nouvelle courbe de détente C′CR sera la même que celle des diagrammes précédents ou non.

De toute manière on obtiendra par le mode actuel de combustion une partie BB′C′C qui sera directement réalisable à l'aide d'un cylindre et d'un piston, mais la partie restante BCR se trouvera dans le même cas que par les deux précédents modes de combustion.

Ainsi, il n'y a aucune sorte de diagramme sur la *fig.* 1 qui, au lieu d'être produite par un mode de chauffage extérieur à travers des parois solides comme dans les machines d'Ericsson et de M. Lemoine, ne puisse être obtenue aussi par le phénomène de la combustion, en vase clos, d'une petite quantité de combustible et d'une partie de l'air sur lequel on voudra opérer.

Je dis d'une petite quantité de combustible et d'une partie seulement de l'air sur lequel on voudra opérer, parce que, si je reviens au premier mode de combustion sous une pression constante AB, celui qui a lieu naturellement dans tout fourneau à air libre, et que j'essaye de mélanger à un volume d'air OA la quantité de carbone nécessaire pour que la totalité de l'oxygène contenu dans le volume OA d'air atmosphérique puisse être transformée en acide carbonique, je trouverai, d'après les expériences actuellement connues des physiciens, un dégagement de chaleur si considérable (7000 calories environ par kilogramme de carbone brûlé), que le volume OA devra augmenter de 1 à 9 à peu près, et que la température correspondante des gaz devra être supposée de 2000 degrés environ.

On ne peut douter que, dans ce cas-là, l'aire théorique BCR de la *fig.* 1

ne devienne extrêmement grande; mais ni la position de cette aire au-dessous de l'horizontale PC sur la *fig.* 1, ni la haute température des gaz ne permettront d'en réaliser aucune partie directement.

On arriverait à des conséquences pareilles si l'on essayait de brûler complétement de l'air en vase clos avec des diagrammes analogues aux aires BB'C'RB, BC'RB de la *fig.* 1.

Ainsi, quand on songera à user complétement tout l'oxygène de l'air qu'on voudra employer, on n'aura d'autre parti à prendre que de recueillir le plus possible de la chaleur produite par un tel mode de combustion en faisant passer la chaleur à travers des parois métalliques, ainsi que cela se pratique dans toutes les chaudières à vapeur et dans la machine à air d'Ericsson comme dans celles de MM. Lemoine et Franchot.

Mais on sait que la chaleur ne passe qu'avec une grande difficulté à travers des parois solides, c'est-à-dire que la chaleur ne passe qu'en très-petite quantité dans un temps donné à travers une surface donnée de parois, et de là vient le grand développement qu'on est obligé de donner à la surface de chauffe d'une chaudière à vapeur.

De là aussi viendra peut-être l'impossibilité de pouvoir jamais faire marcher les pistons des machines de MM. Franchot, Lemoine et Ericsson avec une vitesse de $1^{m},20$ à $1^{m},50$ par seconde, ce qui ferait une nouvelle cause d'encombrement de ces machines, à laquelle je n'ai pas eu égard dans les précédents chapitres de ce Mémoire.

On est d'autant plus fondé à avoir une telle crainte, que l'air est précisément un corps mauvais conducteur de la chaleur et très-difficile à échauffer par contact ou par rayonnement à l'aide d'un foyer simplement adjacent.

A de telles difficultés se joindront d'ailleurs les inconvénients bien connus du mode de combustion généralement imparfait de tout fourneau à air libre à l'aide du tirage naturel d'une cheminée. J'ai relaté ces inconvénients dans l'introduction du présent Mémoire et ne veux pas y revenir ici.

Je me résume donc, et je dis que si l'on parvenait à remplacer le mode de chauffage extérieur d'une machine à air par l'introduction d'une certaine quantité de combustible au milieu du volume d'air déjà emprisonné que l'on voudra employer, on réussirait à la fois à pouvoir faire fonctionner ces machines aussi vite que l'on voudrait, à obtenir une plus grande quantité de chaleur d'une quantité donnée de combustible, et à utiliser beaucoup mieux la quantité de chaleur produite.

En supposant d'ailleurs que l'on veuille employer des cylindres et des pistons, rien n'empêcherait de faire usage en même temps des toiles métalliques d'Ericsson, de manière que la chaleur dégagée par le phénomène de la combustion ne servît qu'à fournir cette quantité de chaleur supplémentaire dont il a été question sur les *fig.* 1 et 3.

Malheureusement on ne saurait se flatter de faire brûler d'une manière pratiquement acceptable les espèces de combustibles généralement usités ni dans le cylindre travailleur d'Ericsson, ni dans le cylindre à feu de M. Lemoine, ni vraisemblablement dans aucune autre disposition de cylindres et de pistons, à cause des cendres qui obstrueraient à la longue les capacités des cylindres, et augmenteraient les frottements ainsi que l'usure des pistons.

Je n'ai, d'ailleurs, jamais eu l'intention de remplacer les combustibles usuels et à bas prix par des combustibles chers et exceptionnels, et de cet enchaînement de considérations, dont je me suis efforcé de faire une récapitulation aussi succincte que possible par le contenu du présent chapitre, est venue ma grande prédilection pour une turbine à air chaud, qui, à part certaines difficultés spéciales qu'il eût au moins fallu essayer de vaincre, eût satisfait aux conditions les plus essentielles du problème d'une bonne utilisation de la chaleur, si la difficulté de saisir le grand volume d'air à débiter par des moyens autres que par l'emploi de cylindres et de pistons ne fût venue y mettre obstacle.

Je me résume donc de nouveau, et je dis que du moment où il me faudra faire usage de cylindres et de pistons comme Ericsson et comme M. Lemoine, il faudra aussi que je me résigne à n'employer qu'un mode de chauffage extérieur à travers le fond du cylindre à feu.

Mais je ne vois pas ce qui m'obligera d'employer le mode de chauffage si défectueux de tous les fourneaux connus à air libre, où non-seulement la combustion est toujours imparfaite, mais où une grande partie de la chaleur produite s'échappe encore par la cheminée.

Je reviens donc au mode de combustion en vase clos de ma Note du *Moniteur* du 16 mars 1853.

Je me représente un puits vertical, plus large par en bas que par en haut, dans une maçonnerie en briques réfractaires, entourée d'une enveloppe métallique en fonte de fer ou en tôle.

Le puits renfermera une quantité surabondante de combustible, que je renouvellerai en levant de temps en temps le couvercle du puits pour y jeter du combustible frais.

La colonne de combustible sera traversée à sa partie inférieure par un courant d'air dont je réglerai l'abondance par une simple valve établie dans le canal d'arrivée de l'air.

Il se fera de l'*oxyde de carbone* et d'autres produits gazeux qui pénétreront dans une capacité contiguë nommée *chambre à feu*.

Dans la capacité nommée chambre à feu, je ferai arriver une quantité assez considérable d'air non brûlé, pour que non-seulement tout l'oxyde de carbone puisse se transformer en acide carbonique et que la combustion des autres produits gazeux puisse être effectuée complétement, mais encore pour que la température dans la chambre à feu ne dépasse pas la limite qui m'aura été prescrite par l'expérience.

Le ciel de la chambre à feu sera formé par le fond du cylindre à feu de la machine. Sur les côtés et par en bas, la chambre à feu se trouvera limitée par une maçonnerie en briques réfractaires, entourée d'une enveloppe en fonte de fer ou en tôle.

Il y aura dans la chambre à feu des thermomètres métalliques dont les indications seront visibles sur des parties saillantes en dehors, afin que le surveillant de la combustion puisse régler convenablement la valve, de laquelle dépendra le partage inégal de la quantité d'air affluente, dont une petite partie seulement devra pénétrer à travers la colonne de combustible.

La quantité d'air affluente sera prélevée sur celle que la machine rejettera au dehors à chaque coup de piston.

Mais le point essentiel est que la quantité d'air ainsi fournie par la machine motrice ne devra pas parvenir à l'état froid, ni dans le puits du fourneau, ni dans la capacité de la chambre à feu.

La quantité d'air affluente devra être échauffée préalablement par le courant d'air chaud sortant de la chambre à feu de la machine, et dans ce but on devra faire passer les deux courants d'air en sens contraire, à travers un serpentin très-énergique et peu encombrant, qui sera construit comme il suit :

Que l'on se représente deux surfaces cylindriques concentriques, et, dans l'espace annulaire qui les sépare, deux cloisons hélicoïdales assez rapprochées, en métal très-mince, comme dans une vis d'Archimède à deux filets. Cela fera deux canaux hélicoïdaux d'un grand nombre de spires, et, par suite, d'une grande longueur sous un petit volume extérieur.

L'un des deux canaux devra servir au courant d'air froid entrant, et l'autre au courant d'air chaud sortant, de manière que, pendant la durée du trajet, l'air entrant puisse s'échauffer avec de la chaleur empruntée à l'air sortant.

Comme j'ai eu pour but de ne pas m'occuper spécialement des machines à vapeur dans ce Mémoire, je me trouve actuellement avoir parcouru le cercle entier de mes pensées les plus importantes sur le sujet que je m'étais proposé de traiter, et il ne me reste plus qu'à résumer et à conclure, sauf toutefois une question de pure géométrie, dont j'ai fait pressentir l'importance à la fin du précédent chapitre, et dont je dois m'occuper encore.

CHAPITRE VII.

Récapitulation très-succincte des dispositions les plus avantageuses qui ont été reconnues jusqu'ici, et de la manière de donner à ces dispositions une forme pratiquement acceptable.

Je reporte mon attention à la fin du chapitre V et sur la manière dont je suis parvenu un peu auparavant à faire augmenter, sinon de 1 à 12, du moins de 1 à 6 à peu près, le diagramme théorique du cylindre à feu modifié de M. Lemoine, en augmentant la hauteur du cylindre de 1 à 2, et en y faisant fonctionner un piston entre le couvercle et le refouloir, de manière à obtenir, à l'aide d'un tel piston et avec une même masse d'air, non-seulement une quantité de force motrice théoriquement égale à celle d'une machine d'Éricsson à simple effet, mais encore un renouvellement assez considérable de la masse d'air employée, et à avoir tout naturellement une soufflerie capable d'alimenter un fourneau clos comme celui que je viens de décrire à la fin du chapitre précédent.

Avec une machine ainsi disposée, c'est-à-dire avec un cylindre à feu exactement égal au cylindre travailleur à simple effet d'Ericsson, et avec une pression moyenne Π sur le piston, égale à 36 centièmes d'atmosphère seulement, à une course égale aux trois quarts de la hauteur du cylindre à feu, la quantité de force motrice théoriquement possible sera égale à celle de la machine à simple effet d'Ericsson, et l'on gagnera tout l'espace qui, dans la machine d'Ericsson, est occupé par le cylindre alimentaire, ainsi que par le réservoir à air comprimé, indépendamment de ce que l'on gagnera encore par le fonctionnement à froid du piston travailleur, et vraisemblablement aussi par une moindre importance des frottements des pistons, quoique la pression moyenne Π ne soit que de 36 centièmes d'atmosphère.

On gagnera surtout, par un mode de combustion plus parfait et par une meilleure utilisation de la quantité de chaleur produite dans un fourneau clos comme celui dont il a été question.

On devra parvenir enfin, de cette manière, à rendre la consommation de combustible d'une machine de force donnée aussi petite qu'il soit permis de l'espérer dans l'état actuel de nos connaissances sur les effets dynamiques de la chaleur.

Mais on aura une machine à simple effet, et de ce que la hauteur moyenne du diagramme ne devra être théoriquement que de 36 centièmes d'atmosphère, il est facile de conclure que la section du piston devra être de trois à six fois, et, à cause d'une plus grande importance des frottements, peut-être de quatre à huit fois aussi grande que celle d'un cylindre à vapeur à double effet d'une force égale, selon que l'on voudra faire une comparaison avec l'ancienne machine à balancier de Watt ou avec les machines modernes alimentées par des chaudières tubulaires.

La hauteur du cylindre à feu excédera, en outre, d'un tiers la hauteur du cylindre de la machine à vapeur, et comme le fourneau devra être placé au-dessous du cylindre à feu, le système ne pourra manquer d'occuper un volume considérable en largeur et en hauteur; mais on gagnera toute la place occupée par les chaudières à vapeur, et cette remarque terminera définitivement toute ma comparaison au point de vue de haute généralité où je me suis placé jusqu'ici, à moins toutefois que je ne réussisse encore à produire une pression moyenne Π de plus de 36 centièmes d'atmosphère sur le piston, ce dont je m'occuperai tout à l'heure, et pourvu, toujours, que la vitesse du piston puisse être augmentée jusqu'à $1^{m},20$ sinon jusqu'à $1^{m},50$ par seconde, ce que l'expérience seule pourra faire découvrir et ce que peut-être on ne parviendra jamais à produire dans aucune machine à air à cylindre et piston.

J'ai cru devoir résumer et circonscrire aussi nettement que je viens de le faire, toute la partie dynamique et calorifique de la théorie des machines à air chaud, avant de m'appesantir définitivement sur une question de pure géométrie que j'ai laissée complétement en arrière depuis la fin du chapitre V, et qui devra être résolue encore d'une manière pratiquement satisfaisante, sans quoi tout ce que je viens de dire, dans le présent chapitre, croulerait par la base et ne serait guère applicable que dans un petit nombre de cas exceptionnels.

Je veux parler de cet état de mouvement essentiellement discontinu et intermittent que devraient avoir le piston et le refouloir dans le cylindre à feu pour que l'on pût réaliser exactement l'aire quadrilatérale BB'C'C de la *fig.* 1, c'est-à-dire le diagramme d'Ericsson, d'une superficie égale à six fois l'aire maximum BFMK de la machine de M. Lemoine qui a servi de base à tous mes calculs jusqu'ici, et m'a fait trouver une pression moyenne correspondante sur le piston $\Pi = 0{,}36\, p_0$.

Il est bien évident que dans une machine motrice destinée à produire un mouvement de rotation, on ne saurait admettre ni changement brusque ni temps d'arrêt dans le mouvement du piston en aucun point de la course.

L'espèce de mouvement la plus désirable pour le piston travailleur d'une machine sera toujours celle d'une bielle tenant à une manivelle qui tournera à peu près uniformément autour de son axe.

Le refouloir pourrait à la rigueur être animé d'une autre espèce de mouvement alternatif; mais comme la course du refouloir devra être plus grande que celle du piston travailleur, on ne pourra guère songer à employer des cames.

La machine sera d'ailleurs à simple effet, et comme le refouloir ne manquera pas d'être assez pesant, il serait fort à désirer que l'on accouplât deux cylindres à feu dont les refouloirs pèseraient sur les deux extrémités d'un balancier et se trouveraient ainsi équilibrés avec des mouvements directement opposés.

Avec une telle disposition il faudra que la loi du mouvement de chaque refouloir soit à très-peu près la même de bas en haut que de haut en bas, et, par suite, on ne pourra plus guère faire autrement que d'imprimer au balancier le mouvement alternatif d'une bielle tenue par une manivelle sur l'arbre moteur de la machine.

Ainsi le piston et le refouloir d'un cylindre à feu devront pouvoir être conduits chacun par une manivelle et par une bielle.

Les deux manivelles devront pouvoir être considérées comme étant fixées solidairement sur un même arbre, mais le rayon R' de la manivelle du refouloir devra être plus grand que le rayon R de la manivelle du piston, et les deux bras R, R' pourront faire un angle constant ε entre eux.

Telle est la seule espèce de mouvement qui me paraisse de nature à pouvoir être acceptée pratiquement en lieu et place des mouvements discontinus et intermittents de mes raisonnements de principe sur la *fig.* 1, pendant le cours du chapitre V et le commencement du chapitre actuel.

Mais par une telle sorte de mouvement on dénaturera complétement la forme quadrangulaire du diagramme BB'C'C de la *fig.* 1, et il restera à savoir si l'on parviendra à faire mieux ou non que ce que j'ai admis et fait voir jusqu'ici.

Pour traiter cette question nouvelle et définitive du présent Mémoire, je représente par

v le volume actuellement formé sous le piston jusqu'au fond du cylindre à feu;

v' le volume correspondant sous le refouloir;

p la pression dans le cylindre à feu;

M une constante proportionnelle à la masse d'air employée.

J'aurai à considérer alors, à un instant donné, un volume d'air froid $v-v'$, à la pression p, et dont la masse pourra être représentée proportionnellement par le produit

$$(v-v')\,p.$$

J'aurai à considérer au même instant un volume d'air chaud v', à la même pression p, et dont la masse devra être représentée par le terme

$$mv'p,$$

la lettre m servant à désigner exactement le même nombre ici que dans toutes les formules précédentes.

Par suite, la masse d'air M, sur laquelle on opérera, sera égale à la somme des deux termes

$$(v-v')p, \quad mv'p,$$

et l'on devra avoir la relation

$$(v-v')\,p+mv'p=\mathrm{M},$$

d'où

$$(a) \qquad p=\frac{\mathrm{M}}{v-v'+mv'}=\frac{\mathrm{M}}{v-(1-m)\,v'}.$$

Cette formule pourra servir à faire trouver les valeurs consécutives de la pression p, qui régnera dans le cylindre avec telle loi de mouvement que l'on voudra se donner entre les deux quantités correspondantes v, v'. Il pourrait même se faire que la masse M vînt à varier, par suite d'une addition ou d'une soustraction d'air, et la formule (a) serait encore exacte, pourvu que les températures de l'air t, T, au-dessus et au-dessous du refouloir, fussent toujours les mêmes, et pourvu aussi que l'on continuât à ne pas vouloir mettre en ligne de compte la quantité d'espace nuisible formée par les espaces vides du refouloir.

Ainsi, par exemple, si l'on tenait à connaître la loi du mouvement susceptible de faire aller la pression de B' en C' ou de C en B sur la *fig.* 1, on ferait

$$p = \frac{p_0}{M}, \quad \text{ou} \quad p = p_0,$$

dans le premier membre de l'équation (a), et l'on trouverait la relation de v à v' pour une valeur donnée de M; ou bien on pourrait conclure de l'équation (a) la valeur de M pour les valeurs données de v, v' et p. Mais ce n'est pas là ce dont il doit être question maintenant; car il s'agit de faire mouvoir le piston par une certaine manivelle de rayon R, et le refouloir par une autre manivelle de rayon R'.

Je continuerai d'ailleurs à regarder la section du cylindre à feu comme étant égale à 1, et alors les volumes v, v' deviendront les hauteurs correspondantes du piston et du refouloir au-dessus du fond du cylindre.

La droite OC'C (*fig.* 4) étant prise pour l'axe du cylindre à feu, je suppose que l'on me donne arbitrairement sur cet axe, au-dessus du fond du cylindre en O, les courses 2 R, 2 R' du piston et du refouloir, et, par suite, les points milieux C, C' de ces courses.

Des points C, C' je décrirai des circonférences de cercle de rayons R, R', et j'admettrai que, pendant le parcours de chacune de ces circonférences par un point mobile considéré comme le centre d'une manivelle, la position correspondante du piston et du refouloir se trouve au pied de la perpendiculaire menée du point mobile sur l'axe OC'C.

Je compterai l'angle α de la manivelle de rayon R à partir de l'horizontale AC, et l'angle correspondant α de la manivelle de rayon R' à partir de l'horizontale A' C'.

Je désignerai encore par G la distance CC' et par e la hauteur OB' de la position la plus basse du refouloir au-dessus du point O qui représente le fond du cylindre sur la *fig.* 4.

J'aurai de cette manière

$$(b) \quad \left\{ \begin{array}{l} v = e + R' + G + R \sin \alpha, \\ v' = e + R' + R' \sin \alpha', \\ \text{d'où} \\ v - v' = G + R \sin \alpha - R' \sin \alpha'. \end{array} \right.$$

En convenant, en outre, de poser

$$\alpha' = \alpha + \varepsilon,$$

on trouvera

$$\sin\alpha' = \sin(\alpha + \varepsilon) = \sin\alpha\cos\varepsilon + \cos\alpha\sin\varepsilon,$$

et la dernière des formules (b) se changera en

$$(c) \qquad v - v' = G - (R'\cos\varepsilon - R)\sin\alpha - R'\sin\varepsilon\cos\alpha.$$

Cette différence ne devra jamais être négative, et, par conséquent, il faudra que l'on en détermine la valeur minimum sur la *fig.* 4, afin de pouvoir exprimer ensuite que la moindre valeur trouvée sera positive ou au moins égale à zéro.

L'angle ε devant être constant dans les applications que j'ai en vue, on n'aura qu'à égaler à zéro la différentielle de l'équation (c) par rapport à α, ce qui fera avoir la condition

$$-(R'\cos\varepsilon - R)\cos\alpha + R'\sin\varepsilon\sin\alpha = 0.$$

Je désigne par λ la valeur de l'angle α qui satisfera à cette équation, et j'aurai d'abord,

$$\tan\!g\lambda = \frac{R'\cos\varepsilon - R}{R'\sin\varepsilon},$$

(d) puis, en écrivant

$$L = +\sqrt{(R'\cos\varepsilon - R)^2 + R'^2\sin^2\varepsilon} = +\sqrt{R^2 + R'^2 - 2RR'\cos\varepsilon},$$

je trouverai encore

$$\sin\lambda = \frac{R'\cos\varepsilon - R}{L},$$

$$\cos\lambda = \frac{R'\sin\varepsilon}{L}.$$

Pour représenter graphiquement les valeurs de ces formules sur la *fig.* 4, je mène, par le point B, une droite BL de longueur R' sous un angle ε avec BB_1, et je joins le point C au point L.

Je formerai de cette manière le triangle CBL dont le côté CL représentera en longueur la quantité L, et fera avec la droite CA un angle égal à λ.

La droite CL étant supposée déterminée de cette manière, sur la *fig.* 4, on aura, d'après les dernières des formules (d),

$$R'\cos\varepsilon - R = L\sin\lambda,$$

$$R'\sin\varepsilon = L\cos\lambda,$$

et, en substituant ces valeurs dans la formule (c), on trouvera généralement

$$(e)\qquad v - v' = G - L\sin\alpha\sin\lambda - L\cos\alpha\cos\lambda = G - L\cos(\alpha - \lambda),$$

c'est-à-dire, en convenant pour un instant de faire $\alpha = \lambda + \alpha'$,

$$(e')\qquad v - v' = G - L\cos\alpha'.$$

Donc, en portant sur la direction de la droite CL une longueur CG égale à la distance CC' des centres des deux circonférences de rayons R, R', et en imaginant ensuite un point mobile qui parcourra une circonférence de rayon L autour du point C comme centre, on n'aura qu'à projeter à chaque instant un tel point mobile sur le diamètre LL_1 de la circonférence et la distance du point G à la projection obtenue sera la différence correspondante $v - v'$ des formules (a), (c), (e), (e').

Ainsi le minimum de $v - v'$ sera égal à la longueur GL, et cela à l'instant où l'extrémité du bras mobile R autour du point C arrivera au point N de la *fig.* 4. Le maximum de $v - v'$ sera égal à la longueur GL_1, et cela à l'instant où l'extrémité du bras mobile arrivera au point N_1 de la *fig.* 4.

La différence du minimum au maximum sera égale au diamètre LL_1, dont la longueur est $2L$, et pour que la valeur minimum de $v - v'$ ne soit pas négative, il sera nécessaire et suffisant que la longueur CC' ou CG de la *fig.* 4 ne soit pas inférieure au côté CL du triangle CBL.

Quand on voudra que le minimum de $v - v'$ se réduise à zéro, il faudra qu'on fasse $G = L$ dans les formules (b), (c), (e), (e').

La partie géométrique du mouvement du piston et du refouloir étant supposée connue d'après ce qui précède, je reviens à la formule (a), et j'observe que, pour une valeur donnée de M, la pression p dans le cylindre variera en raison inverse de la différence $v - (1 - m)v'$.

Or, d'après les formules (b), on aura

$$v - (1 - m)v' = G + m(e + R') + R\sin\alpha - (1 - m)R'\sin\alpha',$$

et, comme précédemment,

$$\sin\alpha' = \sin(\alpha + \varepsilon) = \sin\alpha\cos\varepsilon + \cos\alpha\sin\varepsilon,$$

par suite,

$$(e)\qquad \left\{ \begin{array}{l} v - (1 - m)v' = G + m(e + R') \\ - \left((1 - m)R'\cos\varepsilon - R\right)\sin\alpha - (1 - m)R'\sin\varepsilon\cos\alpha, \end{array} \right.$$

et en faisant, pour abréger,

$$(f)\qquad \begin{cases} D = G + m\,(e + R'), \\ b = (1 - m)\,R' \cos\varepsilon - R, \\ a = (1 - m)\,R' \sin\varepsilon, \end{cases}$$

on aura sous forme plus simple

$$(e'_1)\qquad v - (1 - m)\,v' = D - b \sin\alpha - a \cos\alpha.$$

C'est une relation de même espèce que la formule (c) et, par suite, on en déduira des conséquences analogues.

Pour que la différence $v - (1 - m)\,v'$ devienne un minimum ou un maximum, il faudra que la différentielle du second membre de l'équation (e'_1) par rapport à α soit égale à zéro, ce qui fera trouver la condition

$$-\,b \cos\alpha + a \sin\alpha = 0.$$

Je désigne par φ la valeur de α qui satisfera à cette équation et j'aurai d'abord

$$(g)\qquad \left\{ \begin{array}{l} \operatorname{tang}\varphi = \dfrac{b}{a} = \dfrac{(1 - m)\,R' \cos\varepsilon - R}{(1 - m)\,R' \sin\varepsilon}, \\ \text{puis, en écrivant} \\ l = +\sqrt{a^2 + b^2} = +\sqrt{(1 - m)^2 R'^2 + R^2 - 2(1 - m) RR' \cos\varepsilon}, \\ \text{je trouverai encore,} \\ \sin\varphi = \dfrac{b}{l} = \dfrac{(1 - m)\,R' \cos\varepsilon - R}{l}, \\ \cos\varphi = \dfrac{a}{l} = \dfrac{(1 - m)\,R' \sin\varepsilon}{l}. \end{array} \right.$$

Pour représenter graphiquement les valeurs de ces formules sur la *fig.* 4, je prends sur le côté BL du triangle CBL une longueur Bl égale à $(1 - m)\,R'$, ou, ce qui revient au même, une longueur Ll égale à mR', et je joins le point C au point l.

Le rayon vecteur Cl représentera, par sa longueur, la quantité l de la deuxième des formules (g), et l'angle du rayon vecteur Cl avec la droite CA sera l'angle φ.

La droite Cl étant supposée déterminée de cette manière sur la *fig.* 4, on aura, d'après les dernières des formules (g),

$$b = l \sin\varphi,$$
$$a = l \cos\varphi,$$

et, en substituant ces valeurs dans la formule (e'_1), on trouvera généralement

$$(h)\quad v-(1-m)v'=D-l\sin\varphi\sin\alpha-l\cos\varphi\cos\alpha=D-l\cos(\alpha-\varphi),$$

c'est-à-dire, en convenant pour un instant de faire $\alpha=\varphi+\alpha'$,

$$(h')\qquad v-(1-m)v'=D-l\cos\alpha'.$$

Donc, en portant sur la direction de la droite Cl une longueur CD égale à la quantité D de la première des formules (f), et en imaginant ensuite un point mobile qui parcourra une circonférence de rayon l autour du point C, on n'aura qu'à projeter à chaque instant un tel point mobile sur le diamètre ll_1 de la circonférence, et la distance du point D à la projection obtenue sera la différence correspondante $v-(1-m)v'$ des formules (a), (e'_1), (h), (h').

Ainsi le minimum de $v-(1-m)v'$ sera égal à la longueur Dl, et cela à l'instant où l'extrémité du bras mobile R arrivera au point P de la *fig.* 4. Le maximum de $v-(1-m)v'$ sera égal à la longueur Dl_1, et cela à l'instant où l'extrémité du bras mobile R arrivera au point P_1 de la *fig.* 4.

La distance CD, ou la longueur D de la première des formules (f), sera égale à la distance connue CG ou CC', plus m fois la distance C'O, puis la formule (a) deviendra

$$(i)\qquad p=\frac{M}{D-l\cos(\alpha-\varphi)}=\frac{M}{D-l\cos\alpha'}.$$

Il s'ensuit que pour une valeur constante de M, pendant un tour de manivelle, la pression p dans le cylindre à feu atteindra sa valeur maximum

(k)

$$P=\frac{M}{D-l}$$

à l'instant où le bras mobile R tombera dans la direction CP, et sa valeur minimum

$$P_1=\frac{M}{D+l}$$

à l'instant où le bras mobile R tombera dans la direction CP_1.

A égales distances de chaque côté du point P, comme aussi du point P_1, les pressions p seront égales, et sur une perpendiculaire au diamètre PP_1 on aura une sorte de pression moyenne représentée par le rapport

$$\frac{M}{D}.$$

Aux points A, A_1, B, B_1, on aura respectivement

$$(l)\quad \left\{\begin{array}{ll} p_A = \dfrac{M}{D - l\cos\varphi}, & p_{A_1} = \dfrac{M}{D + l\cos\varphi}; \\ p_B = \dfrac{M}{D + l\sin\varphi}, & p_{B_1} = \dfrac{M}{D - l\sin\varphi}. \end{array}\right.$$

Toutes les valeurs de p dans le cylindre seront d'autant plus grandes que la quantité D sera plus petite; mais tout ce qu'on pourra faire à ce sujet pour des valeurs données de R, R', ε, ce sera de poser $G = L$, $e = 0$, ce qui fera trouver

$$(m)\qquad D = L + mR'.$$

Ainsi la moindre valeur possible de la distance D sera égale à la somme des deux côtés CL, Ll du triangle LCl, dont le troisième côté Cl représentera en grandeur et en direction le rayon vecteur l des formules (g), (h), (h'), (i), (k).

En désignant par x le chemin du piston de bas en haut, sur la *fig.* 4, à partir du point milieu C de la course, on aura

$$x = R\sin\alpha,$$

et si l'on se donnait la peine d'éliminer l'angle α entre cette relation et la formule (i), en remplaçant encore p par y, on trouverait l'équation en x, y de la courbe du diagramme produite sur la *fig.* 1, en place de l'aire quadrilatérale BB'C'C d'Ericsson. On trouverait une courbe ovale, une sorte d'ellipse du quatrième degré, à axe curviligne, de forme hyperbolique, dont la discussion n'offrirait pas de difficulté.

La quantité de force motrice pour un déplacement dx du piston sera

$$pdx = pR\cos\alpha\, d\alpha = pR\cos(\varphi + \alpha')\, d\alpha' = RM\,\frac{\cos(\varphi+\alpha')\, d\alpha'}{D - l\cos\alpha'},$$

et il y aura deux cas à examiner, selon que la capacité du cylindre sera close ou communiquera avec le milieu atmosphérique.

Dans le second cas, on aura

$$p = \text{const } A,\quad \int_{x_0}^{x_1} pdx = A(x_1 - x_0).$$

Dans le premier cas, on aura

$$M = \text{const.},$$

et l'intégration du terme pdx sera beaucoup moins simple.

Je me bornerai à dire ici que lorsqu'on supposera $M =$ const. pendant un tour entier de la manivelle, on trouvera, pour l'aire de la courbe ovale, l'expression

$$(n) \qquad T = 2\pi R \frac{M}{l}\left(\frac{1}{\cos\omega} - 1\right)\cos\varphi,$$

dans laquelle l'angle auxiliaire ω devra satisfaire à la relation

$$(o) \qquad l = D \sin\omega.$$

D'après cette relation, on devra mener une tangente du point D (*fig.* 4) à la circonférence de rayon l, et l'obliquité d'une pareille tangente avec la droite DC sera l'angle ω des formules (n), (o).

La pression moyenne Π sur le piston (dans l'hypothèse d'une machine à simple effet) sera

$$(p) \qquad \Pi = \frac{T}{2R} = \pi \frac{M}{l}\left(\frac{1}{\cos\omega} - 1\right)\cos\varphi.$$

Pour pouvoir faire usage des formules (n), (p), il faudra que l'on sache déterminer la valeur de la constante M, et pour cela il suffira que l'on connaisse la pression p en un seul point de la courbe ovale.

Au moyen de la formule (o), l'équation (i) se réduira d'abord à

$$p = \frac{M}{D(1 - \sin\omega\cos(\alpha - \varphi))};$$

et par suite, en désignant par p_0 la valeur supposée connue de p, pour une valeur connue α_0 de l'angle α, on trouvera

$$\frac{M}{D} = p_0\left(1 - \sin\omega\cos(\alpha_0 - \varphi)\right).$$

La valeur du rapport de M à D étant supposée calculée de cette manière, on trouvera

$$\frac{M}{l} = \frac{M}{D\sin\omega},$$

et, pour les limites de la pression, d'après les formules (k),

$$P = \frac{M}{D(1 - \sin\omega)},$$

$$P_1 = \frac{M}{D(1 + \sin\omega)}.$$

On doit voir très-clairement, à présent, à l'aide de la *fig.* 4 surtout, comment, en prenant arbitrairement les rayons R, R' des manivelles et l'angle compris ε, puis, en regardant encore comme connue la pression p dans le cylindre pour une valeur donnée de l'angle α, toutes les autres parties du problème et notamment les quantités T, Π des formules (n), (p) seront parfaitement déterminées.

Entre les deux limites P, P_1 de la pression pendant un tour entier de manivelle avec une masse d'air constante M, on aura toujours

$$(q) \qquad \frac{P}{P_1} = \frac{1 + \sin\omega}{1 - \sin\omega}.$$

Ainsi le rapport de P à P_1 ne dépendra que de l'angle ω, et quand on regardera comme donnée la pression minimum P_1, on aura pour le rapport de M à D l'expression plus simple

$$(r) \qquad \left\{ \begin{array}{l} \dfrac{M}{D} = P_1 (1 + \sin\omega), \\ \text{puis} \\ \dfrac{M}{l} = \dfrac{M}{D\sin\omega} = P_1 \dfrac{1 + \sin\omega}{\sin\omega}, \\ \text{et} \\ \Pi = \pi P_1 \dfrac{(1 + \sin\omega)(1 - \cos\omega)}{\sin\omega \cos\omega} \cos\varphi. \end{array} \right.$$

Les autres conditions du problème seront d'abord la relation connue

$$(s) \qquad \left\{ \begin{array}{l} l = D\sin\omega, \\ \text{puis, on pourra poser} \\ R' = Dx, \quad R = Dy, \\ \text{et l'équation } (m) \text{ fera trouver} \\ L = D(1 - mx), \end{array} \right.$$

par suite, les équations (g) se réduiront aux deux relations directes

$$(t) \qquad \left\{ \begin{array}{l} \sin\omega \sin\varphi = (1 - m)x\cos\varepsilon - y, \\ \sin\omega \cos\varphi = (1 - m)x\sin\varepsilon, \end{array} \right.$$

et quand on voudra laisser de côté l'angle λ, on n'aura à y joindre que la seconde des formules (d) qui se réduira à

$$(u) \qquad (1 - mx)^2 = x^2 + y^2 - 2xy\cos\varepsilon.$$

La discussion minutieuse des formules (t), (u) m'a fait résoudre une question de géométrie du plus haut intérêt pour ceux qui se complaisent dans la représentation graphique de toutes les parties d'une question sur une figure; mais ce n'est pas là ce dont je dois m'occuper ici.

Je me bornerai donc à dire que par des méthodes d'élimination convenablement dirigées, on parviendra à tirer des formules (t), (u), d'abord

$$(v)\quad \left\{\begin{array}{l} y = +\sqrt{(1+(1-m)x)^2 - \dfrac{\cos^2\omega}{m}}, \\ \text{puis} \\ \cos\varphi = \dfrac{1-m}{2m}\,\dfrac{\cos\omega}{\sin\omega}\cdot\dfrac{\zeta}{y}, \\ \text{à la condition de faire} \\ \zeta = +\sqrt{\sin^2\omega - (1-2mx)^2}, \end{array}\right.$$

de telle sorte que, par la dernière des formules (r), on trouvera

$$\frac{\Pi}{P} = \frac{1-m}{2m}\,\pi\,\frac{(1+\sin\omega)(1-\cos\omega)}{\sin^2\omega}\cdot\frac{\zeta}{y},$$

et, en y faisant $\sin^2\omega = 1-\cos^2\omega = (1+\cos\omega)(1-\cos\omega)$, puis, en supprimant le facteur commun $1-\cos\omega$ au numérateur et au dénominateur,

$$(x)\qquad \frac{\Pi}{P_1} = \frac{1-m}{2m}\,\pi\,\frac{1+\sin\omega}{1+\cos\omega}\cdot\frac{\zeta}{y}.$$

En désignant encore par H la hauteur du cylindre à feu, on trouvera à une simple inspection de la *fig.* 4,

$$H = e + R' + G + R,$$

puis, en y faisant $e = 0$, $G = L$ comme dans la formule (m),

$$H = R' + L + R,$$

et, au moyen des formules (s),

$$H = D(x + (1-mx) + y) = D(1 + (1-m)\,x + y).$$

Donc, en posant encore

$$(y)\quad \left\{\begin{array}{l} \eta = 1 + (1-m)\,x + y, \\ \text{on aura simplement} \\ H = D\eta, \\ \text{par suite} \\ \dfrac{2R}{H} = \dfrac{2y}{\eta}, \\ \text{et en multipliant par cette relation la formule } (x), \\ \dfrac{2R\Pi}{HP_1} = \dfrac{1-m}{m}\,\pi\,\dfrac{1+\sin\omega}{1+\cos\omega}\cdot\dfrac{\zeta}{\eta}. \end{array}\right.$$

on tirera, enfin, de la seconde des formules (t),

$$(z) \qquad \sin\varepsilon = \frac{\sin\omega\cos\varphi}{(1-m)x}.$$

On voit ainsi qu'en attribuant au sinus de l'angle ω une série de valeurs différentes, telles que

0,..., 0,1,..., 0,2,..., 0,3,..., 0,4,..., 0,5,
0,6,..., 0,7,..., 0,8,..., 0,9,..., 1,0,

on trouvera pour les valeurs correspondantes du rapport de P à P_1, d'après les formules (q),

1,0000,..., 1,2222,..., 1,5000,..., 1,8571,..., 2,3333,..., 3,0000,
4,0000,..., 5,6667,..., 9,0000,..., 19,0000, .., ∞.

On pourra calculer de même les différents paramètres des formules (v), (x), (y), (z), qui sont

$$\sin\omega, \quad \sin^2\omega, \quad \cos^2\omega, \quad \cos\omega, \quad \frac{\cos\omega}{\sin\omega}, \quad \frac{1+\sin\omega}{1+\cos\omega},$$

puis, en donnant encore au nombre m une certaine valeur pratique, par exemple

$$m = \frac{1}{2},$$

on n'aura qu'à attribuer une série de valeurs différentes à x, pour pouvoir disposer des tableaux où pour chacune des valeurs de ω on lira dans différentes colonnes les valeurs successives des quantités

$$x, \ y, \ \eta, \ \zeta, \ \frac{\zeta}{y}, \ \frac{\zeta}{\eta}, \ \cos\varphi, \ \varphi, \ \frac{\Pi}{P_1}, \ \frac{2R\Pi}{HP_1}, \ \sin\varepsilon, \ \varepsilon,$$

de telle sorte qu'à une simple inspection de chaque tableau, et par une comparaison de tous les tableaux entre eux, on pourra juger, en toute assurance, des résultats numériquement possibles, quand on songera à faire mouvoir le piston et le refouloir du cylindre à feu modifié de M. Lemoine, par le système des deux manivelles solidaires dont je viens de présenter la théorie aussi succinctement qu'il m'a été possible.

Or tous les tableaux dont je viens de parler ont été dressés, et se trouvent en mes mains. On y voit, à première vue, qu'il est très-facile d'obtenir une pression moyenne Π de plus de 36 centièmes d'atmosphère sur le piston; mais il faudra aussi que l'on se préoccupe de la quantité de force motrice théoriquement possible dans un cylindre à feu de hauteur donnée, et c'est à cela qu'est destinée la dernière des formules (y), c'est-à-dire l'expression du rapport

$$\frac{2R\Pi}{HP_1},$$

qui, pour $P_1 = 1$, représentera la valeur moyenne de la pression par rapport à la hauteur totale H.

Dans le projet que j'ai relaté au début de ce chapitre (comme point de repère seulement de mes calculs et raisonnements antérieurs), on avait

$$\frac{\Pi}{P_1} = 0{,}36, \quad \frac{2R}{H} = \frac{3}{4},$$

et, par suite,

$$\frac{2R\Pi}{HP_1} = \frac{3}{4} \times 0{,}36 = 0{,}27 :$$

ce qui indique que dans l'examen comparatif de mes tableaux je ne devrai m'arrêter qu'aux dispositions qui me feront trouver pour le rapport en question une valeur numériquement supérieure à 0,27, quand je ne voudrai pas avoir une machine de force donnée plus encombrante que l'autre.

Or cette règle pourra également être observée, et de l'examen comparatif de mes tableaux je conclus définitivement que, pour satisfaire moyennement aux conditions les plus importantes de la question, à différents points de vue, et avec un certain degré de simplicité, on pourra faire

$$\varepsilon = 45^\circ, \quad R = 0{,}6\,R'.$$

Le triangle CBL de la *fig.* 4 sera alors d'une forme parfaitement déterminée, et d'après la seconde des formules (d), on aura pour le troisième côté CL du triangle,

$$L = R'\sqrt{\left(1 + 0{,}36 - 1{,}2\sqrt{\frac{1}{2}}\right)} = R'\sqrt{0{,}5115} = 0{,}715\,R'.$$

La première des formules (d) fera avoir

$$\tan g\,\lambda = \frac{\sqrt{\frac{1}{2}} - 0{,}6}{\sqrt{\frac{1}{2}}} = 1 - 0{,}6\sqrt{2} = 0{,}151,$$

$$\lambda = 9^\circ.$$

Le nombre m étant toujours supposé égal à $\frac{1}{2}$, le point l tombera au milieu de la longueur BL ou R′, sur la *fig.* 4, et, au moyen des formules (g), on trouvera d'abord

$$l = R'\sqrt{0,25 + 0,36 - 0,6\sqrt{\frac{1}{2}}} = R'\sqrt{0,1857} = 0,431\ R',$$

puis

$$\sin\varphi = \frac{\frac{1}{2}\sqrt{\frac{1}{2}} - 0,6}{0,431} = -0,572,$$

$$\cos\varphi = \frac{\frac{1}{2}\sqrt{\frac{1}{2}}}{0,431} = 0,821,$$

$$\varphi = -35^\circ.$$

L'équation (m) donnera

$$D = (0,715 + 0,500)\,R' = 1,215\ R'$$

pour la moindre valeur possible de la longueur D, alors qu'on fera

$$G = L, \quad e = 0$$

dans la première des équations (f).

En supposant que, pratiquement, on veuille faire

$$G - L = 0,035\ R', \quad e = 0,035\ R',$$

la longueur D augmentera de

$$\left(0,035 + \frac{0,035}{2}\right) R' = 0,052\ R',$$

et l'on aura

$$D = 1,267\ R'.$$

Au moyen de la formule (o), on trouvera

$$\sin\omega = \frac{0,431}{1,267} = 0,340,$$

et la formule (q) deviendra

$$\frac{P}{P_1} = \frac{1 + 0,34}{1 - 0,34} = \frac{1,34}{0,66} = 2,03.$$

Dans la dernière des formules (r) on aura à faire

$$\sin\omega = 0,340, \quad \cos\omega - \sqrt{1 - (0,34)^2} = 0,940,$$
$$1 + \sin\omega = 1,340, \quad 1 - \cos\omega = 0,060,$$
$$\Pi = 3,1416, \quad \cos\varphi = 0,821,$$

et, par suite, on trouvera

$$\frac{\Pi}{P_1} = 3,1416 \frac{1,340 \times 0,060}{0,340 \times 0,940} \times 0,821 = 649.$$

Ainsi, quand la pression minimum P_1 sera égale à la pression atmosphérique, la pression maximum P dans le cylindre sera de 2,03. La différence du maximum au minimum

$$P - P_1 = 1,03,$$

et la pression moyenne Π sur le piston, égale à 65 centièmes d'atmosphère, ne sera pas inférieure à celle de la machine à vapeur à basse pression de Watt.

Avec une section de piston augmentée de 1 à 2, c'est-à-dire avec un diamètre de cylindre augmenté de 40 pour 100 environ, on aura une force égale à celle des machines à vapeur modernes alimentées par des chaudières tubulaires.

La hauteur du cylindre, non compris les épaisseurs du piston et du refouloir, pourra être calculée au moyen de la formule générale

$$H = e + R' + G + R,$$

dans laquelle on aura à faire

$$e = 0,035\,R',$$
$$G = L + 0,035\,R' = (0,715 + 0,035)\,R' = 0,750\,R',$$
$$R = 0,6\,R',$$

ce qui fera trouver

$$H = 2,385\,R',$$

puis

$$\frac{2R}{H} = \frac{1,2}{2,385} = 0,503,$$

et, en multipliant cette quantité par le rapport de Π à P_1,

$$\frac{2R\Pi}{HP_1} = 0,649 \times 0,503 = 0,326,$$

au lieu du nombre 0,27 que l'on aurait avec le projet théorique du commencement de ce chapitre.

Au moyen de la première des formules (r), on aura encore

$$\frac{M}{D} = 1,34\,P_1,$$

et la formule (i) deviendra

$$p = \frac{1,34\,P_1}{1 - 0,34\cos(\alpha - \varphi)} = \frac{1,34\,P_1}{1 - 0,34\cos\alpha'},$$

de telle sorte qu'en y faisant

$$\alpha = \pm\frac{1}{2}\pi,$$

on trouvera, aux points B, B_1 de la *fig.* 4,

$$p_B = \frac{1,34\,P_1}{1 + 0,34\sin\varphi} = \frac{1,34\,P_1}{1 - 0,34 \times 0,572} = 1,664\,P_1,$$

$$p_{B_1} = \frac{1,34\,P_1}{1 - 0,34\sin\varphi} = \frac{1,34\,P_1}{1 + 0,34 \times 0,572} = 1,122\,P_1.$$

Tous ces calculs sont fondés, à la vérité, sur la supposition que l'on opérera avec une masse d'air constante M pendant un tour entier de manivelle, tandis que dans l'exécution il s'agira de rendre le piston perméable pendant une partie de sa course descendante.

Je suppose d'abord que le piston soit rendu perméable à partir du haut de sa course jusqu'au point de la pression minimum P_1 tout à l'entour de la courbe ovale. L'angle de la manivelle qui correspondra à cet intervalle sera de

$$90 - 35 = 55^\circ,$$

et, pendant que cet arc-là sera parcouru, le piston, au lieu d'avoir à vaincre une certaine force variable depuis

$$(1,122 - 1)\,P_1 = 0,122\,P \quad \text{jusqu'à} \quad P_1 - P_1 = 0\,P_1,$$

se trouvera entièrement déchargé. Donc, on utilisera un peu plus que l'aire de la courbe ovale qui a fait trouver, comme on l'a vu, une pression moyenne

$$\Pi = 0,649\,P_1.$$

Mais quand le piston ne sera rendu perméable que pendant un arc de 55 degrés à partir du haut de sa course, on renouvellera moins d'air tiède à chaque coup de piston que si la perméabilité du piston durait pendant un arc plus étendu. Pour remédier à cet inconvénient, je suppose que la perméabilité du piston doive avoir lieu pendant un arc de 70 degrés à partir du haut de sa course, c'est-à-dire jusqu'à 15 degrés au delà du point de la moindre pression P_1 de la courbe ovale, ou, ce qui revient au même, jusqu'à 20 degrés avant le milieu de la course.

Alors ce sera au point précis de la fermeture du piston, c'est-à-dire à 15 degrés au delà du point de la moindre pression P_1 de la courbe ovale, qu'il y aura une pression atmosphérique A dans le cylindre. La courbe ovale s'abaissera un peu au-dessous de l'horizontale que l'on aurait à mener sur la *fig.* 1 à une hauteur

$$p = A,$$

et l'on perdra un petit segment de la courbe ovale; mais, comme au commencement de la course on ne cessera pas de gagner encore un peu, ainsi que je le ferai voir dans un instant, on entrevoit qu'il pourra y avoir compensation, et que l'on ne se trompera guère en comptant encore sur une quantité de force motrice sensiblement égale à la nouvelle courbe ovale qui correspondra à une pression minimum P_1 un peu inférieure à la pression atmosphérique A.

Cela étant admis, il sera facile de calculer la diminution qui surviendra dans les quantités

$$\frac{P}{P_1}, \quad \frac{\Pi}{P_1}, \quad \frac{2R\Pi}{HP_1}$$

de mes précédents calculs; car, au point de la moindre pression P_1, la formule (i) donnera

$$P_1 = \frac{M}{D(1+\sin\omega)},$$

et, à 15 degrés plus loin, la formule (i) donnera

$$A = \frac{M}{D(1+\sin\omega\cos 15^\circ)},$$

d'où

$$\frac{P_1}{A} = \frac{1+\sin\omega\cos 15^\circ}{1+\sin\omega} = \frac{1+0,34\times 0,966}{1+0,34} = 1 - \frac{0,0116}{1,34} = 1 - 0,0086:$$

c'est-à-dire qu'il y aura une diminution de moins de 1 pour 100 à faire subir aux rapports en question pour trouver les nouveaux rapports

$$\frac{P}{A}, \quad \frac{\Pi}{A}, \quad \frac{2R\Pi}{HA}.$$

et qu'au lieu des précédents nombres

2,03,..., 0,649,..., 0,326,

on aura à considérer les nouveaux nombres

$$2{,}01,\ldots,\quad 0{,}643,\ldots,\quad 0{,}323.$$

Ainsi la petite correction dont je viens de calculer l'importance sera véritablement insignifiante, et il n'y aura pas d'inconvénient à laisser durer la perméabilité du piston pendant un arc de 70 degrés à partir du haut de la course.

De même, ensuite, que dans les machines à vapeur on doit ouvrir la communication au condenseur une trentaine de degrés avant le commencement d'une nouvelle course, de même aussi il sera avantageux plutôt que nuisible de faire démasquer les orifices du piston dont il a été parlé vers la fin du chapitre V, une vingtaine de degrés avant le commencement d'une nouvelle course, ce qui permettra de laisser le piston à jour pendant un arc de 90 degrés du parcours entier de la manivelle.

Lors donc qu'on fera une machine à quatre cylindres avec les manivelles des pistons espacées d'un angle droit d'un cylindre à l'autre (et les manivelles des refouloirs à demi-intervalle de celles-là), il arrivera que toujours l'un des quatre pistons (tantôt un, tantôt un autre) se trouvera à jour, et que, par un jeu de conduits et de clapets convenablement établis, il deviendra possible de faire en sorte que chacun des quatre cylindres, en particulier, aspirera de l'air tiède dans l'un des trois autres, pendant toute la partie de la course descendante où son propre piston ne sera pas à jour, ce qui aura pour résultat de faire rejeter à chacun des quatre cylindres un volume entier d'air tiède pendant la course montante de son piston, et de réaliser définitivement un état de choses exactement conforme à celui qui a été décrit vers la fin du chapitre V.

En résumé, ce que j'ai dit vers la fin du chapitre V, non-seulement sur la possibilité d'obtenir un diagramme six fois plus grand que celui de la machine de M. Lemoine, mais encore sur la manière de renouveler un très-grand volume d'air à chaque coup de piston, tout cela pourra être rendu pratiquement réalisable en faisant fonctionner le piston et le refouloir dans le cylindre à feu modifié de M. Lemoine, non pas d'une manière intermittente comme celle de mes premiers raisonnements du chapitre V, mais par deux manivelles fixées sur l'arbre moteur de la machine sous un angle de 45 degrés, l'une avec l'autre, et à la condition d'avoir quatre cylindres accouplés à simple effet chacun.

La course de chaque piston devra être égale aux 6 dixièmes de la course des refouloirs, et, par ce moyen, la pression moyenne Π sur le piston, au lieu d'être de 36 centièmes d'atmosphère seulement comme à la fin du chapitre V et au commencement du chapitre actuel, augmentera jusqu'à 65 centièmes d'atmosphère comme dans la machine à basse pression de Watt, c'est-à-dire jusqu'à la moitié de la pression des machines modernes alimentées par des chaudières tubulaires.

Mais, comme la machine à air fonctionnera à simple effet, on ne pourra avoir une force égale à celle d'une machine à vapeur à double effet qu'avec deux cylindres dont chacun aura une section égale ou double de celle du cylindre à vapeur, selon qu'on prendra pour terme de comparaison la machine à vapeur à basse pression de Watt ou la machine à vapeur moderne alimentée par des chaudières tubulaires.

La course du refouloir sera à celle du piston dans le rapport de 10 à 6, mais la hauteur du cylindre à feu sera égale à deux fois la course du piston (non compris les épaisseurs du piston et du refouloir), et avec un cylindre à feu d'une hauteur donnée, on obtiendra une quantité de force motrice, non pas égale, mais plus grande dans la proportion de 32,6 à 27 que celle dont j'avais reconnu la possibilité à la fin du chapitre V et au commencement du chapitre actuel.

La hauteur du cylindre à feu devant être double de la course du piston travailleur, et la machine ne devant fonctionner qu'à simple effet, ainsi qu'on l'a vu, il s'ensuit que la somme des volumes des cylindres sera égale à quatre ou huit fois celle d'une machine à vapeur à double effet de force égale, selon qu'on voudra prendre pour terme de comparaison la machine à basse pression de Watt ou la machine moderne à chaudières tubulaires.

Mais cela ne permettra pas de dire que la machine entière sera quatre ou huit fois plus encombrante; car deux cylindres à feu, établis aux deux extrémités d'un balancier, n'occuperont pas plus d'emplacement horizontal qu'un cylindre à vapeur à double effet de Watt avec son balancier, son condenseur et sa pompe à air.

La hauteur de chaque cylindre sera double, à la vérité, et il faudra qu'il y ait encore un fourneau au-dessous, mais aussi la chaudière à vapeur disparaîtra, et la consommation de combustible sera beaucoup moindre.

Il y a toutefois une circonstance qui pourrait augmenter l'encombrement d'une machine de force donnée au delà de toutes mes prévisions, et que j'ai soigneusement relatée déjà plusieurs fois : je veux parler du cas possible où, malgré l'emploi de toiles métalliques, on ne réussirait pas à faire passer une quantité assez considérable de chaleur supplémentaire à travers le fond du cylindre à feu pour pouvoir entretenir la température de l'air chaud à près de 300 degrés avec une vitesse de piston de $1^{m},20$, sinon de $1^{m},50$ par seconde.

Mais cette difficulté sera exactement la même que dans la machine d'Ericsson et dans la machine de M. Lemoine.

Mon cylindre unique ne sera ni plus ni moins volumineux que le cylindre travailleur à simple effet d'Ericsson, la course de mon piston sera la moitié de celle du piston travailleur d'Ericsson, et la pression moyenne Π sera double de la seule partie utile de la pression d'Ericsson, alors qu'on ne tiendra pas compte des frottements. Mon piston fonctionnera à froid et celui d'Ericsson à chaud. L'importance des frottements sera beaucoup moindre dans ma machine que dans celle d'Ericsson, et, enfin, j'aurai de moins qu'Ericsson le cylindre alimentaire ainsi que le réservoir à air.

J'ai emprunté à M. Lemoine, d'abord, le refouloir à toiles métalliques (que je me figurais être l'invention primitive de M. Franchot), et, ensuite, l'idée de faire fonctionner le piston travailleur à froid ; mais, de la manière dont je m'y prends pour tirer parti de ces deux idées mères, je parviens, avec un cylindre à feu de hauteur double, à réaliser une quantité de force motrice, non pas six fois, mais $\left(6 \times \frac{32}{27} = 7\right)$ sept fois aussi grande que celle de la machine à air libre de M. Lemoine, sans me servir ni du réservoir à air ni du cylindre travailleur de M. Lemoine.

Ce que je propose, enfin, est tout ce que mes longues études sur les machines à air chaud m'ont fait trouver de plus avantageux ; c'est définitivement à prendre ou à laisser.

Mais si on le prend, je demande qu'on le prenne au moins d'une manière complète, en adjoignant à mon cylindre à feu le mode de combustion en vase clos que j'ai décrit à la fin du chapitre précédent, ce que ne font ni Ericsson, ni M. Lemoine, ni M. Franchot.

Je n'ai pas trouvé l'occasion de parler expressément de ceux des projets de M. Franchot dont j'ai connaissance, mais on a dû remarquer que j'ai eu pour but, dans ce Mémoire, de parler, non pas d'une machine à air chaud, mais de toutes, et que j'ai voulu présenter une théorie aussi générale que possible de cette espèce de machines motrices.

CHAPITRE VIII.

Conclusions finales.

Du moment où la quantité d'air à employer ne pourra être saisie que par des cylindres et des pistons, on ne parviendra à faire fonctionner avec de l'air ainsi recueilli ni turbine à air chaud ni turbine à air froid, et il faudra que l'on se résigne à employer des mécanismes identiques ou analogues à ceux de MM. Ericsson, Franchot et Lemoine.

Tous ces mécanismes sont de leur nature fort encombrants, et leur substitution aux machines à vapeur n'a pu faire entrevoir une grande économie de combustible que du jour où l'on a connu l'emploi des toiles métalliques d'Ericsson, emploi dont l'invention est réclamée en France par M. Lemoine, et, à ce qu'il paraît, aussi par M. Franchot.

L'emploi des toiles métalliques sera dorénavant tout aussi important dans la construction des machines à air chaud que l'a été l'invention du condenseur de Watt, par rapport à l'ancienne machine à vapeur de Newcomen.

Ericsson réalise une grande économie de chaleur par l'emploi de ces toiles métalliques, mais son mécanisme est bien encombrant, l'importance des frottements des pistons est bien considérable, et le piston travailleur fonctionne à chaud.

M. Lemoine tire un parti également avantageux de l'emploi de ces toiles métalliques, et il a sur Ericsson l'immense avantage de faire fonctionner son piston travailleur à froid; mais sa machine à air libre est d'un encombrement plus que double de celui de la machine d'Ericsson.

Le cylindre à feu de M. Lemoine peut être allongé du simple au double, et l'on peut y mettre un piston qui, en fonctionnant à froid, fera obtenir une quantité de force motrice égale à six ou sept fois celle qu'en retirerait M. Lemoine sans qu'on ait besoin ni du réservoir à air ni du cylindre travailleur de M. Lemoine, tout en renouvelant une quantité considérable de l'air employé à chaque coup de piston.

Une telle machine à air, dont j'ai résumé les différentes particularités à la fin du chapitre précédent, est tout ce qu'il m'a été possible de découvrir de plus avantageux, et quand on y joindra le mode de combustion en vase clos, dont j'ai fait une description succincte à la fin du chapitre VI, on aura un ensemble qui devra faire obtenir de la force motrice avec la moindre dépense de combustible qu'il soit permis d'espérer dans l'état actuel de nos connaissances sur la théorie des effets dynamiques de la chaleur.

La somme des volumes des cylindres d'une pareille machine sera égale à quatre ou huit fois la somme des volumes des cylindres d'une machine à vapeur à double effet d'égale force, selon qu'on prendra pour terme de comparaison la machine à basse pression de Watt ou la machine moderne à chaudières tubulaires ; mais le véritable encombrement d'une machine ne pourra pas être calculé au prorata des volumes des cylindres, surtout quand cette machine devra être à balancier, avec des cylindres d'une hauteur double et avec de petits fourneaux en place de grandes chaudières à vapeur.

D'autre part, il pourrait se faire que l'encombrement d'une machine à air dût être augmenté beaucoup au delà des nombres que j'ai calculés, en ce que l'on ne réussirait pas à faire passer une assez grande quantité de chaleur à travers les fonds des cylindres pour pouvoir échauffer l'air jusqu'à une température de 300 degrés environ avec une vitesse de piston de $1^{m},20$, sinon de $1^{m},50$ par seconde; mais l'expérience seule pourra faire acquérir des données quelque peu exactes à ce sujet.

Ce que l'expérience fera découvrir au sujet de la plus grande vitesse possible du piston d'une machine à air sera peut-être assez désavantageux pour que l'on ne puisse jamais songer à faire usage d'une pareille machine à bord d'un bateau à vapeur à grande vitesse, alors même qu'on ne s'imposera pas la condition d'avoir toutes les parties de la machine situées au-dessous du plan de flottaison.

Il n'y a donc pas lieu, dans l'état actuel de la question des machines à air chaud, de tenter une expérience en grand pour une machine de bateau à vapeur.

Mais, au point de vue scientifique de la théorie des effets dynamiques de la chaleur, et plus encore au point de vue industriel d'une production de force motrice à meilleur marché que par des machines à vapeur dans des localités à terre où la question de l'encombrement d'une machine de force donnée ne sera plus que très-secondaire, il serait véritablement important et digne du Gouvernement, selon moi, de faire procéder à une expérience en grand avec le système de machine que je propose, pour qu'on apprenne définitivement jusqu'à quel point il sera possible, en effet, dans l'état actuel de nos connaissances, d'obtenir une grande quantité de force motrice avec une faible dépense de combustible, et pour qu'on acquière en même temps des données au moyen desquelles on aviserait en suffisante connaissance de cause à ce qu'il y aurait à tenter ultérieurement.

TABLE DES MATIÈRES.

CHAPITRE VI.

CHAPITRE VII.

CHAPITRE VIII.

PARIS. — IMPRIMERIE DE MALLET-BACHELIER,
rue du Jardinet, n° 12.

F. REECH. —— Machine à air d'un nouveau système.

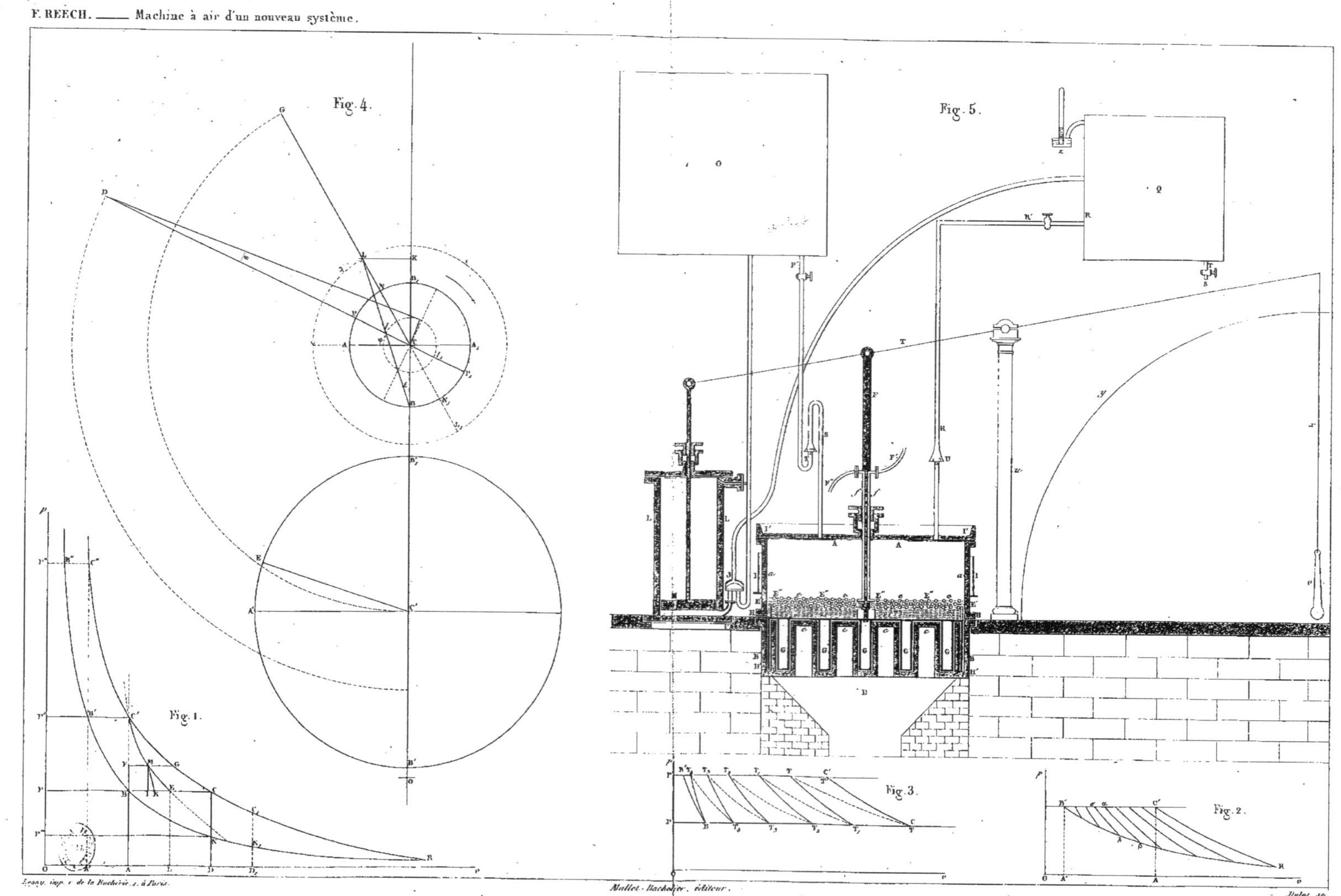

Lenay, imp. r. de la Bucherie, 2, à Paris.
Mallet-Bachelier, éditeur.
Dulos sc.

LIBRAIRIE DE MALLET-BACHELIER, GENDRE ET SUCCESSEUR DE BACHELIER,

Imprimeur-Libraire du Bureau des Longitudes, de l'École Polytechnique,

Quai des Augustins, 55.

PONCELET et LESBROS, Capitaines du Génie. — **Hydraulique expérimentale à l'usage des Ingénieurs, des Chefs d'usines**, etc. (1re *Partie*). *Comprenant :* la première partie des résultats d'expériences exécutées par ces Officiers sur le jaugeage des orifices à minces parois planes, précédé d'un résumé historique sur l'état actuel et les progrès de nos connaissances en hydraulique théorique et pratique. In-4, avec planches. 1832.......... 10 fr.

LESBROS, Colonel du Génie. — **Hydraulique expérimentale à l'usage des Ingénieurs, des Chefs d'usines**, etc. (2e *Partie*). *Comprenant :* la dernière partie des nombreux résultats d'expériences exécutées par cet Officier supérieur sur le jaugeage des pertuis avec ou sans coursier, dans toutes les circonstances de la pratique, et accompagnés de la discussion comparée de ces résultats avec ceux antérieurement connus. In-4, avec planches; 1851.......... 30 fr.

Chaque Partie se vend séparément.

PONCELET, Membre de l'Institut. — **Mémoire sur les Roues hydrauliques à aubes courbes mues par-dessous**, suivi **d'Expériences sur les effets mécaniques de ces Roues.** 2e *édition*, revue, corrigée et augmentée d'un Mémoire sur des Expériences en grand relatives à la nouvelle Roue, contenant une Instruction pratique sur la manière de procéder à son établissement. In-4, avec pl.; 1827.......... 7 fr.

BOILEAU. — Professeur de Mécanique appliquée à l'École impériale d'application de l'Artillerie et du Génie. — **Traité de la Mesure des Eaux courantes**, ou Expériences, Observations et Méthodes concernant les lois des vitesses, le jaugeage et l'évaluation de la force mécanique des cours d'eau de toute grandeur; le débit des pertuis des usines, des fortifications et des canaux d'irrigation, et l'action dynamique des courants sur les corps en repos. In-4, avec 7 planches; 1854.......... 20 fr.

BRESSE, Ingénieur des Ponts et Chaussées, Répétiteur de Mécanique aux Écoles impériales Polytechnique et des Ponts et Chaussées. — **Recherches analytiques sur la flexion et la résistance des pièces courbes**, accompagnées de Tables numériques pour calculer la poussée des arcs chargés de poids d'une manière quelconque, et leur pression maximum sous une charge uniformément répartie. In-4, avec planches; 1854. 15 fr.

YVON VILLARCEAU, Astronome à l'Observatoire impérial de Paris. — **Sur l'Établissement des Arches de Pont, envisagé au point de vue de la plus grande stabilité, et Tables pour faciliter les applications numériques.** In-4, avec figures dans le texte et 2 planches; 1854.......... 12 fr.

YVON VILLARCEAU. — **Théorie de la Stabilité des Machines locomotives en mouvement.** In-8; 1852.......... 6 fr.

LAGRANGE. — **Mécanique analytique.** 3e *édition*, revue, corrigée et annotée par M. *J. Bertrand*. 2 vol. in-4.......... 40 fr.

(On peut se procurer de suite le tome Ier. — Il est délivré un BON pour le tome II, dont la publication aura lieu en janvier 1855.)

REGNAULT, Bachelier ès Sciences Mathématiques. — **Manuel des Aspirants au grade d'Ingénieur des Ponts et Chaussées. — Guide du Conducteur des Ponts et Chaussées, de l'Agent voyer, du Garde du Génie et de l'Artillerie**, rédigé d'après le nouveau *Programme officiel*. 2 vol. in-8, avec 44 planches in-folio; 1854.......... 12 fr.

Le premier volume est en vente. Le *deuxième volume* sera publié dans le courant du mois de janvier 1855.

Paris. — Imprimerie de MALLET-BACHELIER, rue du Jardinet, 12

www.ingramcontent.com/pod-product-compliance
Ingram Content Group UK Ltd.
Pitfield, Milton Keynes, MK11 3LW, UK
UKHW020326250726
13967UKWH00004B/1884

9 782013 416511